JN011708

耕耘の機械化によって起こる大量の埃。すでに表土では㎜単位での消失が起こっている。ここでは、土壌はまったく無秩序になっているようにみえる。

徹底した単作！ 見渡す限りのムギ畑であり、景観を区切る、どんな茂みも樹木も見られない。農地景観の中で農民がつくり出し、育ててきた植物や動物たちはどこに生きているのだろうか？ それらは人間と自然との生命共同体のかけがえのないパートナーなのに…。

重いトラクターによる耕耘。はっきりした「農業砂漠」のきっかけが見られる。だが、耕耘の目標は永続的な腐植形成である。

これは腐植の少ない農耕の結果の一つであるが、ひどくぬかるんだ耕土が見られる。ここには最良の作物などは期待することができない。

ツリミミズの交尾（夜間撮影）。ミミズがいないと、肥沃でよい収穫物を生み出す耕土はできてこない。土壌形成へのミミズの貢献は、いくら強調してもしきれない。

ツリミミズがサクラの朽ちた葉を引きずっている。同じようにして、地上の有機物は土中に引き込まれる。ミミズは、休む間もなく、食べ続ける生き物である。

ミミズ、イシムカデ、ワラジムシが朽ちた樹皮の内側で活動している。これらの小動物の驚くべき世界は、腐植の形成に大きく貢献している。

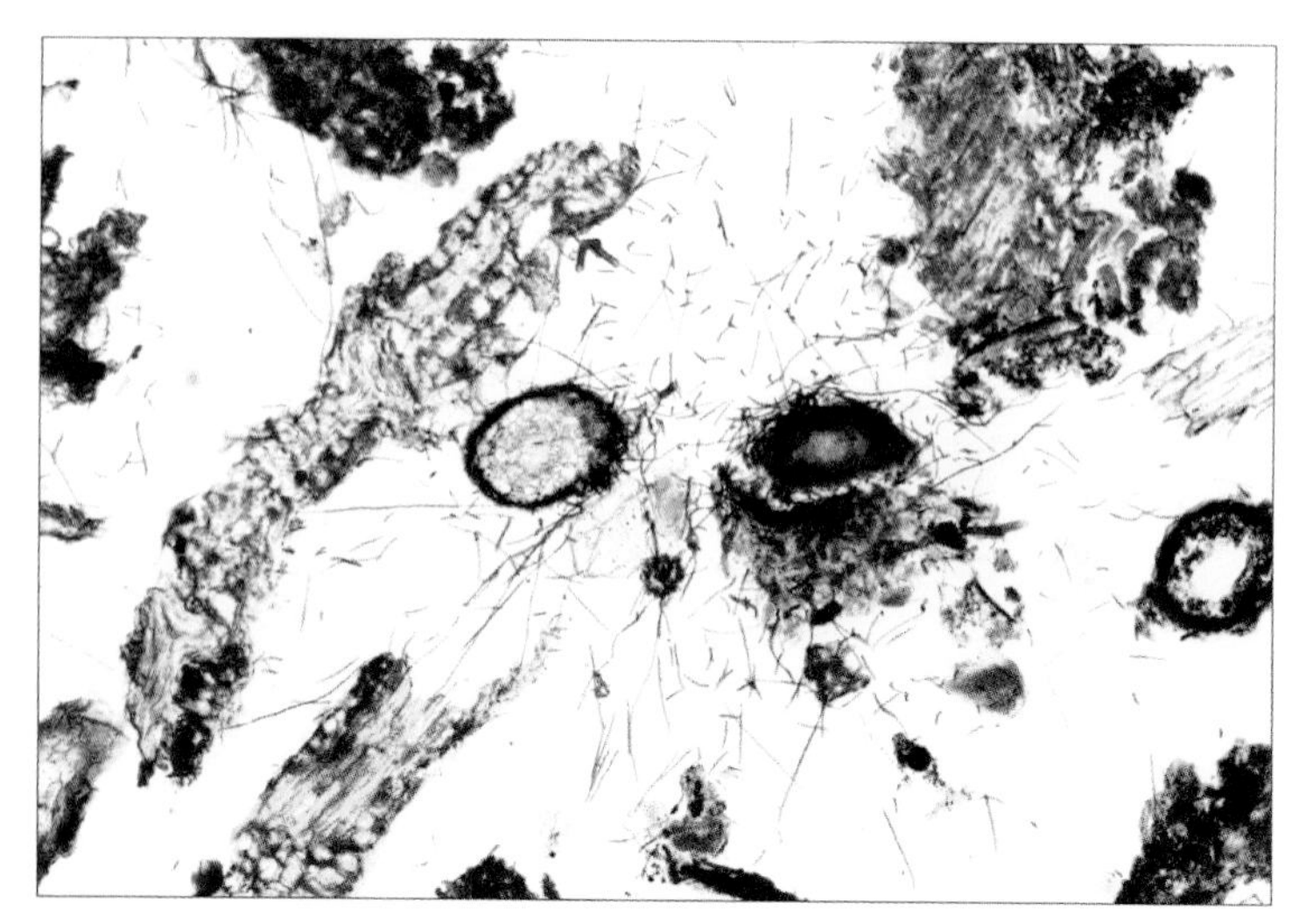

ブナ林の腐植の 30 ミクロンの切片標本。

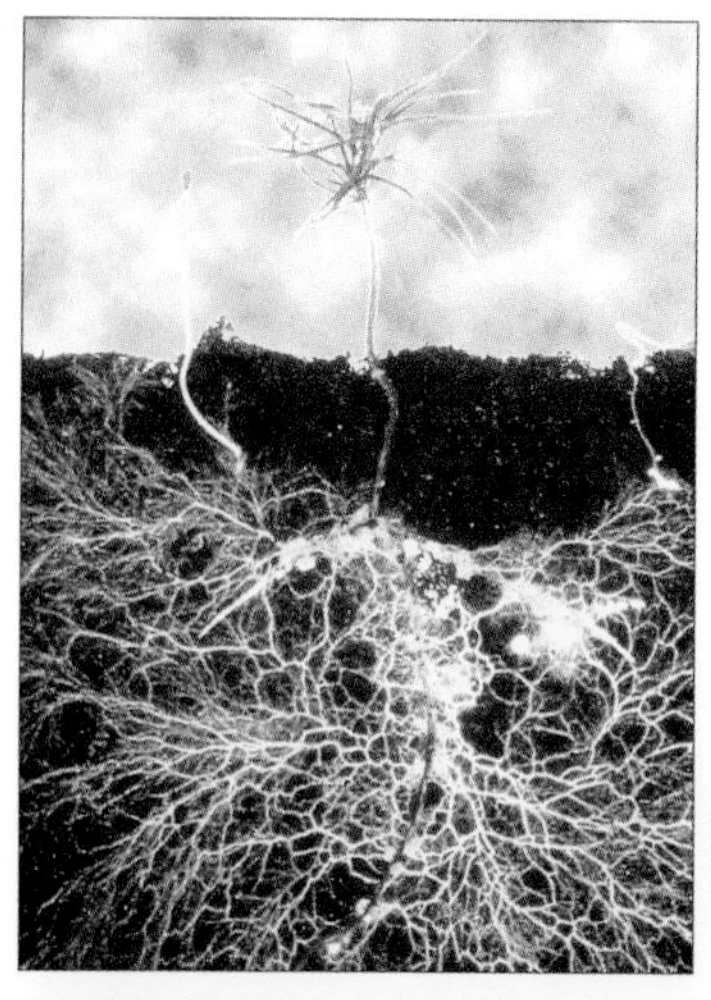

菌根菌（ミコリーザ）の菌糸により植物の根の吸収表面は数倍に拡大される。

表土の熟土形成は、すべての農民の変わらない目標でなければならない。

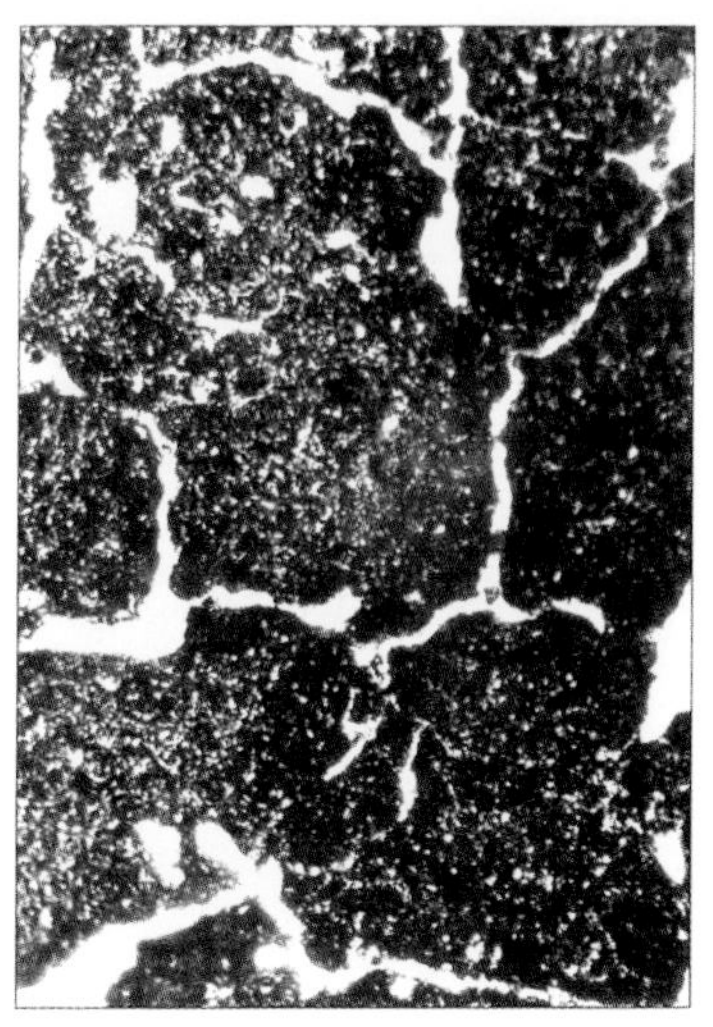

強く踏み固められた非熟土の断面。ここではどんな作物も満足に育たない。

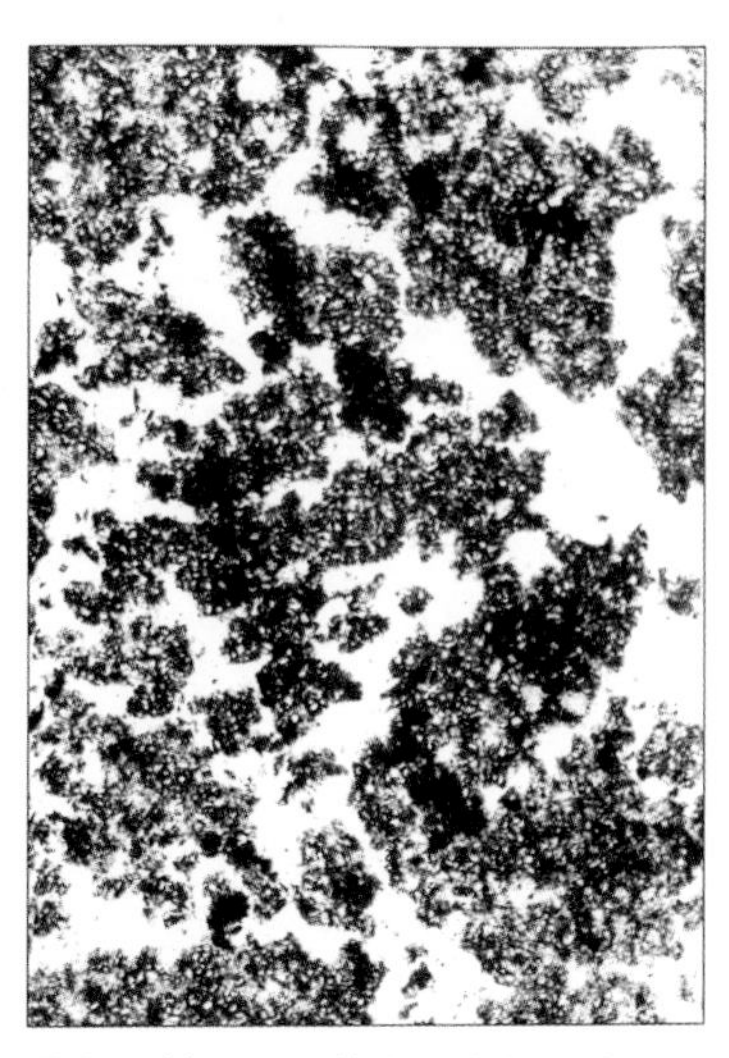

それに対して、熟土は生物の生きた構造によって成立している。

孔隙の少ない、踏み固められた土壌。根の発達は目に見えて抑制されている。

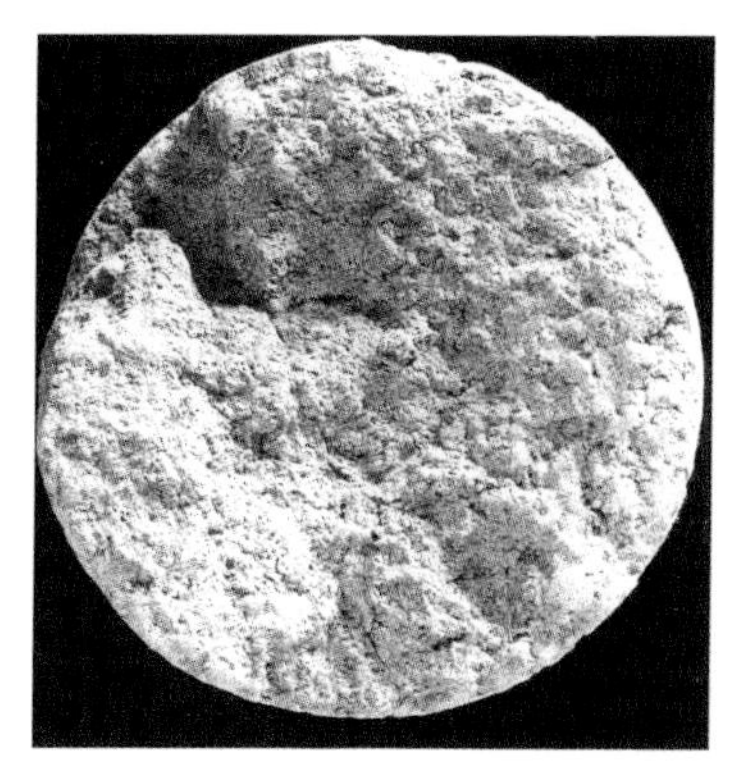

それに対して、圧縮されていない土壌では、根ののびのびとした発達が約束されている。

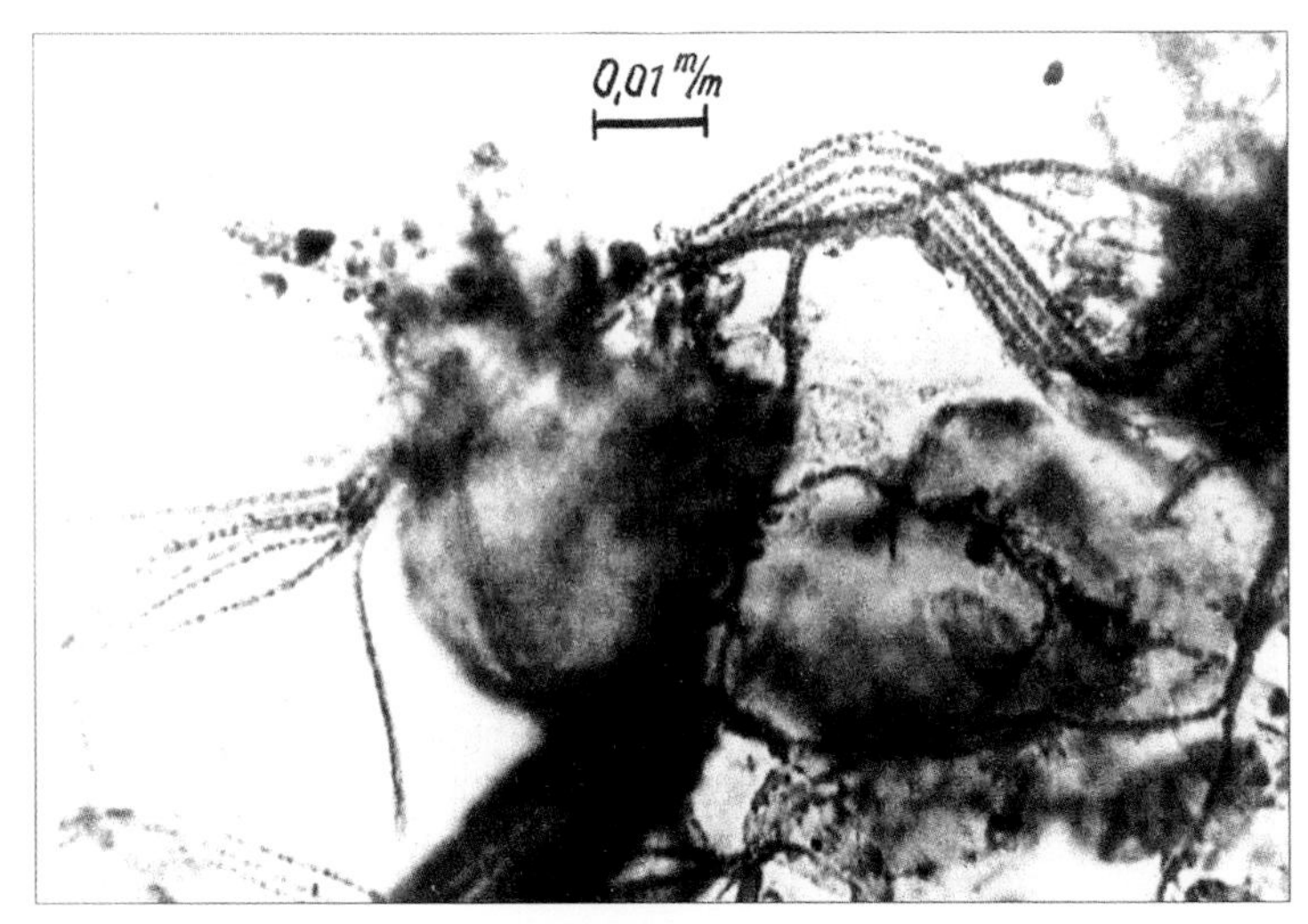

ここでは個々の土壌粒子は、土壌生物の菌糸の鎖によって結び付けられている。関係するすべての微生物は、さまざまの機能をもち、お互いに結合している。驚くべき、きわめて興味深い世界である。

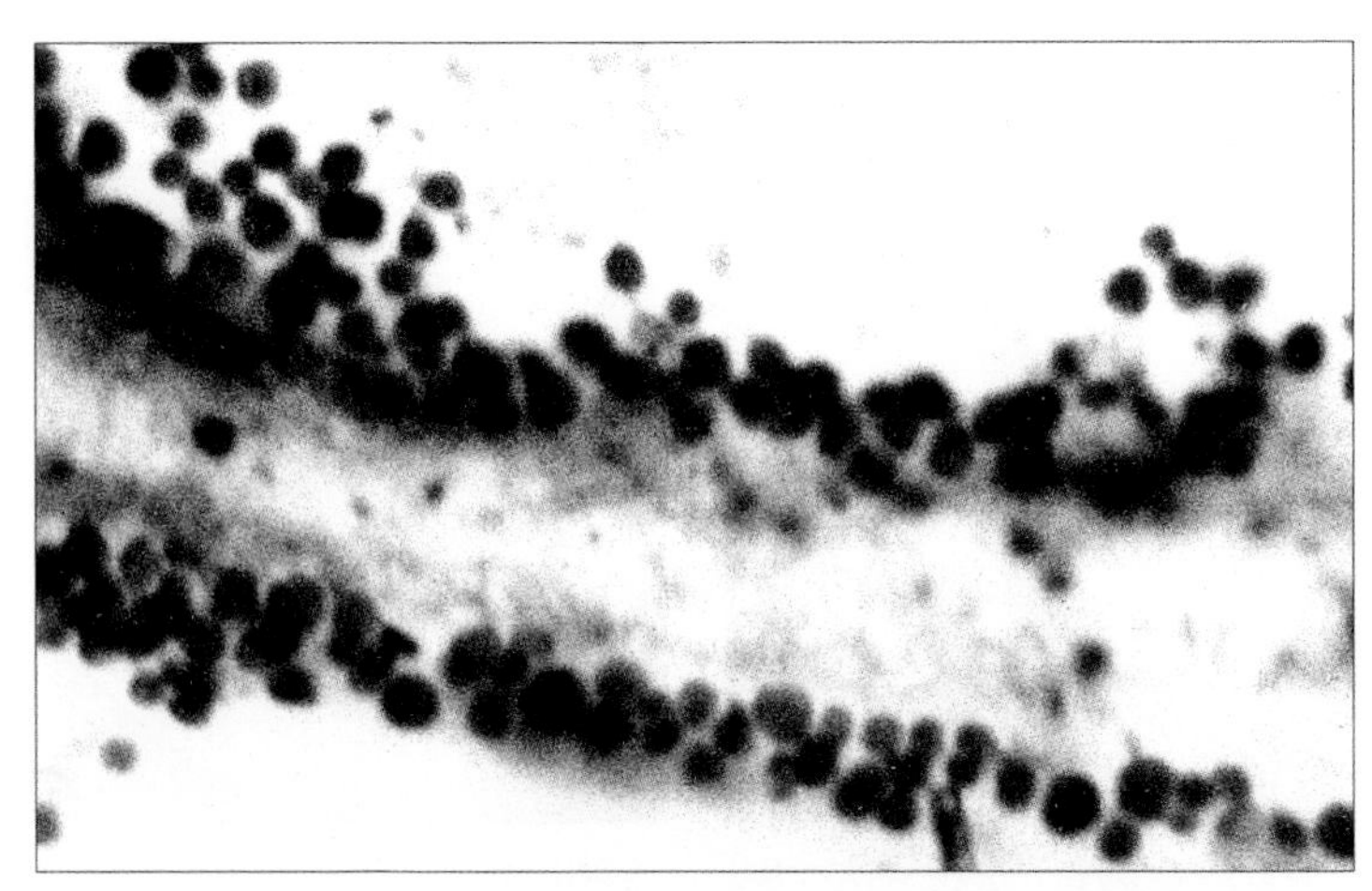

多くの土壌微生物は、たえず土壌中の物質の分解、転換、再転換に関わっている。ここではバクテリアの集合体が根毛の分解に携わっている。

木材などの有機物から生まれつつある未熟腐植。それは完全な生命共同体の前段階である。

それに対して、土壌生物の働きによってつくられた熟土構造がある。ここではミネラルと有機物、菌糸、バクテリアのコロニーなどが粘性物質によって高等植物の根毛に絡みついている。

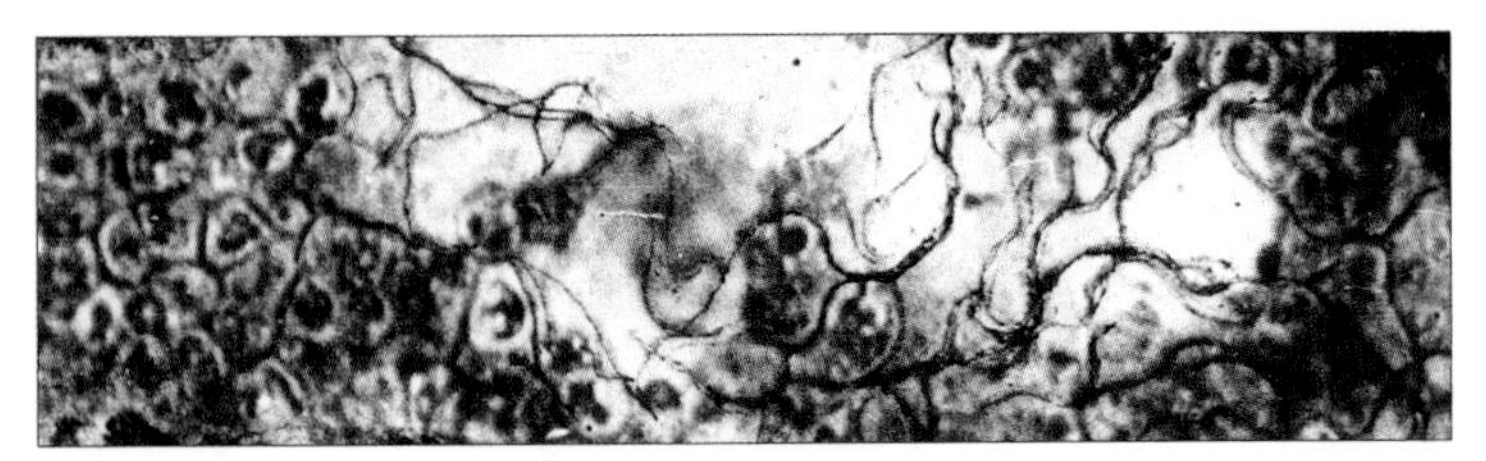

土壌粒子がアゾトバクター（チッ素固定菌）の橋によって結び合わされ、さらに放線菌（細菌類に分類されているが、細菌と糸状菌の中間に位置するもので、菌糸体をつくる）によって結合されている。

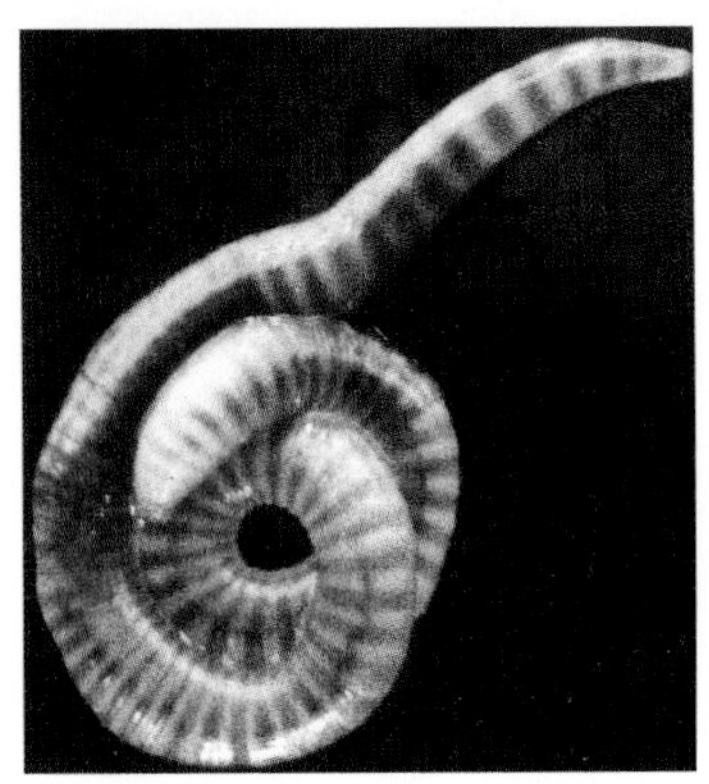

シマミミズ。主として、堆肥、厩肥の中に棲む。

シマミミズの卵胞（右）と生まれたばかりの幼形（左）。

ミミズのもつ能力の一つを示す。左から右へ、6カ月の間に瓶の中の土壌はすべてミミズの腸内を経て、有機物と完全に混和される。

生きている土壌

腐植と熟土の生成と働き

エアハルト・ヘニッヒ［著］
中村英司［訳］

Geheimnisse der fruchtbaren Böden

日本有機農業研究会
発行
（一社）農山漁村文化協会
発売

はしがき

世界は今、経済、産業、農業、生活のすべての面で変革が求められている。未曾有の世界規模の恐慌がこのことをさらに鮮明にした。マネー経済の行く末を現下に示したこの滅びは、何よりも本来の農を軽視してきたことから起きた。それは生命（いのち）を、そして健康、環境を軽視してきたことである。

生きる土台にあるのは土である。生きるための食べ物、これも土がなければ育てられない。その食べ物が育つ土の如何（いかん）で、健康や寿命も左右される。古来、人々が天土（あめつち）と呼び、何千年にもわたり自然の営みと一体となって働き、つくり耕してきた田畑の耕土、その土がたかだか数十年の近代化農業の果てに壊され、死滅しようとしている。土壌の腐植の損耗から、土はその保肥力・保水力を失い、化学肥料由来の肥料分（チッソ・リン・カリ）の流亡が激しく、河川や湖沼、地下水や海をも汚染し、飲料水をも失うほど、もう、取り返しのつかないところまできている。これを救えるものは、選択の余地なく、有機農業しか道は残されていない。

有機農業の核心は堆肥であり、腐植である。腐植とは、落ち葉や堆肥などの有機物が土中の微生物の分解作用を受け、土壌有機物として残ったものの総称である。雑草を含む緑肥もまた、腐植の元であり、地表を被覆し、その根は深く伸びて土中の養分を地表近くにまで吸い上げながら土を自然に耕し、枯れると土中で腐植になる。こうした腐植が、生きている土をつくる条件となる。豊かで肥沃な、生きている土とは、ミミズなどの小動物や目に見えない膨大な数と種類の微生物が生息している土である。腐植は、それら土壌生物や微生物の食べ物であり、住処（すみか）なのである。

著者エアハルト・ヘニッヒ氏は、そうした農業の根本問題である土壌を取り上げ、土壌学・土壌微生物学などの幅広い知見を踏まえて多方面から解析した。そして、腐植が土壌生物や根の働きなどを通してさらに腐熟を続け、「熟土」をつくり、それがあたかも作物にとってヒトの胃腸のように働き、滋養分に富む植物＝食べ物をはぐくんでいくという総合的な腐植と熟土の織り成す有機の世界を豊かに描きだした。

この貴重なドイツの書物は、長年にわたり海外の有機農業の文献の紹介や翻訳に努力を注いでこられた中村英司氏が見出し、誰にでも理解しやすく、かつ読みやすい文体で訳出してくださった。同氏はまた、会誌『土と健康』に連載した「海外有機農業研究レポート」の収載も快諾してくださった。そして、本書の日本語版にあたって、熊澤喜久雄氏からは、専門的な立場から詳細な解説をいただいた。このような形での本書の刊行は、わが国におけるこれからの有機農業の実践にとっても研究にとっても、確かな歩みを進めるための力づよい励ましとなる。心からお礼を申し上げる次第である。

近年は、森林から流れ出す腐植を含んだ水(フルボ酸、腐植酸など)が田畑を潤し、河川・海の植物プランクトンや藻を育て、結果として動物プランクトンや魚貝類を豊かに育てるという流域全体の農林水産業を視野に入れた腐植の働きも注目されている。その基本となる土壌と腐植について知ることは、自然の摂理への理解を深め、楽しく、迷いのない有機農業の実践につながるに違いない。そして、身も心も健康で豊かなものになるだろう。ぜひ、一読を薦めたい。

二〇〇九年三月

日本有機農業研究会、理事長　佐藤　喜作

同副理事長・出版委員　魚住　道郎

日本語版に寄せて

熊澤　喜久雄

「土は生きている」と言われているように、土壌は多くの特徴的な生物群を含み、植物生産、有機物分解、水分保全などさまざまな重要な機能を発揮している。

本書はこのような「生きている土壌」の「豊かさ」の秘密を探り、それを分かりやすく説明したものである。

ドイツ、オーストリア、フランス、スイスなどヨーロッパの有機農業の実践成果に学んだ著者のヘニッヒ氏は、彼の一生を捧げた農業及び土壌研究の成果を基礎に、土壌・植物・動物間における生命体の循環について述べ、特に土壌が生物体として構成されていく過程を明らかにし、それを維持し発展させる上における人間の関与の仕方と意義、有機農業の思想にまで及んでいる。

農学の祖とも言われているドイツのテーアは、主著『合理的農業の基礎』(一八一二)において「植物栄養の腐植説」を提唱し、土壌に対する腐植の循環的供給体系の樹立こそが持続可能な農業の基礎であるとしていた。その後リービヒの「植物の無機栄養説」とそれに基づく化学肥料の製造使用の増加により、植物栄養分の供給という点に関しては土壌に対する有機物施用に対する関心が少なくなってきた。しかし近年における環境問題、とくに農業の環境および人の健康に及ぼす影響や地力の減退などの問題を背景として、土壌機能の再評価と腐植増加による地力向上の努力がされるようになった。「安全で良質な農産物生産」を目指す有機農業、環境保全型農業は有機物の自然循環的供給を基礎とする「生きている土壌」の上に立って営まれている。

著者のヘニッヒ氏は改めて腐植の意義を確認し、有機物の施用による地力の培養、持続的な農業生産の維持を、土壌の作土のみならず、下層土、心土を含め植物の根の到達する深い部分まで考慮に入れて、全体的・統一的な構想を展開し、「生きている土壌」の神髄を明らかにしている。

農業生産の基礎は植物に良好な生育環境を与える土壌の生成である。本訳書で採用された「熟土」、「熟土構造」はドイツ語の Gare あるいは Bodengare すなわち「肥沃な、農耕に適した状態、あるいはそのような土壌」を示す言葉の日本語訳として訳者により始めて使用されたものである。日本にも同様な「有機物、石灰、リン酸施用などの土地改良により作り上げられた肥えた畑」を示す「熟畑」という言葉がある。

しかし、本書の記述を読めば分かるように、過去二〇〇年来のドイツ農学・土壌学の研究成果および有機農業の実践成果を反映し、ここで使用されている「熟土」概念の内容は極めて豊富で明確になっている。「熟土」の「熟」は「腐熟」「熟成」「成熟」などの「熟」に通じる。この訳語を生み出した訳者の「熟慮」は賞賛に値するものであろう。

もちろん本書の対象となっている土壌は畑土壌であり、水田土壌については全く触れていない。酸化還元状態の変動が畑土壌とは大差があり、複雑な水田土壌についての研究を同じ思想の下に発展させることは今後のわが国の研究者に託された大きな課題であろう。

以下、思いつくままに簡単な内容紹介をする。

土は生きている

土は生命のない無機物と有機物のみではなく、多くの生物も構成分として含んでいる。肥沃な土一グラムには数億、数千万の微生物がいる。それらの生物はまた土壌中で発生と死滅を繰り返し、生物循環ができあがっている。高度の構造を持った土の中に植物の根が成長する、根の活性部分の根毛を含めた根圏はまた土壌微生物の生存圏でもある。土の中の生物の分解物は植物の根毛から吸収され、植物を養っている。土壌は生命を育んでいる。健全な土は健全な作物、健康な動物を育て、栄養豊かな食品を供給し、人間の健康を保障している。

腐植の働き

土壌の腐植は、土壌の生物活動により、土壌中の有機物の分解過程、無機物との相互作用により土壌中で生成、変化、蓄積する。

腐植は表層土に含まれ、土の性質を決めている。農耕地に与えられた厩肥は土壌中で好気的、嫌気的分解を受けながら腐植をつくっていく。植物・微生物遺体の細胞壁、細胞膜構成分が微生物作用を受けながら不安定な腐植物質から安定腐植に変化するが、安定腐植の生成は土壌の粘土表面で行われる。すなわち腐植は腐植粘土複合体として土の中で安定化するが、これにより、土壌は塩基置換能の増大やpH変動に対する緩衝作用などを発揮できるようになる。

有機物の分解、腐植をつくる段階は同時に多様な微生物が活力を得る過程でもある。その中にはペニシリンなどの抗生物質を生産する放線菌もいれば空中窒素を固定して生物の利用可能なアンモニアにする窒素固定菌もいる。多くの微生物が相互制約、共生することにより、植物病原菌や、有害線虫などの活動も抑えられる。

良質の堆肥が良質の作物を育て、家畜の口蹄疫、豚コレラなどを防ぎ、各種の病気治癒力を与えていることは経験的に明らかになっている。

根圏の意義と機能

本書で強調されていることの一つに根圏の生物活動と植物生育の関係がある。植物は土壌生態系の重要な構成部分であり、多くの生物と相互扶助的、相克的な関係を形成しながら、ある点では共生的に生育していると見なされる。とくに根と根圏生物との相互関係は重要視される。

植物の主根、側根、根毛は土壌中に伸び必要な養水分を吸収する。吸収された養水分は体内構成分となり、光合成などの作物機能を潤滑に進める。

根は土壌中にくまなく張る。根は土の中を強い膨圧で伸びていく。場合によっては地中数メートルから十数メートルも伸びる。この根と根毛の表面には多数の微生物が共存している。根毛は根の先端伸長部の細胞から直角方向に伸び、土壌粒子表面に密着しているが、根のさらなる伸長に伴い脱落していく。

植物根は土壌構造と関係して伸び、団粒構造の破壊は根の伸張を阻害し根毛の成長を抑える。根は土中への貫入伸長を助けるために多糖類を主とする粘着物質や有機酸類を分泌している。これらの分泌される物質や、脱落根毛、死根などを餌として細菌が増殖し、細菌を食する原生動物が発育する。原生動物は呼吸により摂取細菌細胞の炭素の一部を放出するので、細菌タンパク質の一部の窒素は過剰になり根圏に放出され根で吸収される。

根圏微生物はリンの可溶性化、根の成長に役立つ活性物質やビタミンの生成、抗生物質などを放出している。

根圏では窒素固定菌の活動も活発であるが、その窒素固定に対して、根圏微生物が生産するコバルミンすなわちコバルトの存在でできるビタミンB_{12}などが有益な作用を与える。

このように根圏においては植物の供給する有機性物質を端緒として生物の循環的生死の過程が成立し、その過程において細胞が遊離し、タンパク質や酵素が放出され、さらにアミノ酸、ビタミン、抗生物質なども含んだ溶液ができあがっている。根毛はこの根圏溶液から直接にこれらの有機性物質を養分として取り込むことができるのである。

従って根圏微生物の豊かさを保障することが重要であり、各種の化学物質による悪影響などは排除されなければならない。

一方で、高等植物同士の「交互作用」も存在する。植物の根からフィトンチッド(ファイトアレキシン)が放出され、抗生物質のような作用も与え、自然の免疫性が発揮される。それを利用してニンニク、タマネギ、カラシナ、ワサビダイコン、イラクサなどの混作農業の発展がもたらされる。

また、人間の腸内細菌と植物の根圏微生物とが類似され、一方は人間の健康維持と他方は植物の健全な生育のために役立っているとされている。

熟土と団粒構造

この本では、持続可能な農業の基礎ともなる肥沃な土壌、「熟土」に関する知見が詳説されている。

熟土は耕作にとって最適な状態にある土壌であり、土壌生態系が健全に保たれ、持続的な農業生産を可能にできる土壌である。

有機農業あるいは環境保全型農業の基本は有機物施用による土づくり、熟土つくりにある。熟土構造は安定な団粒構造であり、植物の生育に必要な水分を保持、供給する上においても重要である。この構造を失った土壌は腐植が欠乏し、土壌生物も貧しい。こんな土壌は雨水を受け止め蓄えることができない。

土壌の生物相（エダフォン）と土の肥沃さとの間には密接な関係があり、耐水性のある安定した団粒は活力ある土壌生物に富んだ土壌によってだけできる。

有機物からできる腐植と土の母岩からもたらされる粘土から、土壌構成分中最も重要な腐植粘土複合体が形成され、土壌微細粒子ができる。

また、生物、動物、微生物の放出する粘性のある分泌物、菌糸体、菌糸、粘液体が土壌粒子を結びつける。

これらの微細粒子構造が団粒構造を作り出し「熟土構造」になるが、子細に見ると、この団粒構造はその構成分の性質、団粒形成方式などにより、性状が異なっており、「細胞熟土」及び「プラズマ熟土」と名付けられる二種類の「熟土構造」をとっている。

細胞熟土

未分解有機物の多い土層では、ミミズをはじめ多くの土壌動物、微生物が活発に活動し、有機物を分解しながら生活している。そのような土層には無数の生物の細胞が認められる。このように多くの植物・微生物細胞を識別できるような熟土部分は細胞熟土と呼ばれる。

厩肥を浅く土と混和し、酸素供給のもとで徐々に酸化分解すると、土の表面でコンポスト化し、土の表土に近い土層で団粒ができる。この団粒構造は活動中の土壌動物や微生物作用によりできるものであり、微生物の食べ物がなくなると、維持が難しくなり、熟土構造は崩壊する。

プラズマ熟土

有機物の分解が一段落すると残存有機物は次第に微生物の影響を受けにくい有機化合物すなわち腐植物質に変化し、腐植酸などに合成されていく。

微生物の細胞の自己消化が始まり、細胞の内容物が遊離する。それらは土の接着力により固定されて集積し、微小粒子構造から団粒構造が形成される。プラズマ熟土の生成である。この場合は、細胞構造は分解しており、活動中の微生物も少ない、空気を含んだ細かい孔隙と多孔質の構造がある。そこでは腐植粘土複合体が形成されて、構造維持の主体となる。

プラズマ熟土層では根や根毛の多い繊細な根系が形成される。

腐敗と腐熟

本書では農地に施用する堆肥、厩肥の分解条件と生産物の性質についても詳細に述べている。新鮮有機物、厩肥などの微生物的分解過程は腐敗と腐熟に大別される。腐敗は嫌気的条件、腐熟は好気的条件でおこる。

腐敗は時には昆虫誘因物質などを生成し、害虫の発生を促すこともある。また未熟糞尿を使用すると、キャベツのネコブ病、トウモロコシの黒穂病、コムギの立枯れ病などの病気も起こりやすい。ネマトーダも増加する。

これに対し、腐熟した堆肥は新鮮な森の匂いがする。放線菌の存在、抗生物質やビタミンなどもある。

厩舎からの排出物を嫌気的処理から好気的熟成へと進めていくことがどうしても必要であり、自己完結した経営循環を考えるためには、抗生物質を餌に与えた糞尿などは堆肥にしてはならない。

本書で指摘されているこれらの点においては、わが国の生ゴミ、厩肥、稲わらその他多くの有機物を利用した完熟堆肥製造や「ぼかし堆肥」の製造と利用を基礎にした有機農業による土づくりは技術的に進んでいるものと言えよう。

土壌生物の作用、相互作用

ミミズは有機物分解、団粒糞排出などにより土壌の肥沃性の形成に対して大きな貢献をしている。またミミズは土中に多くの微小孔を穿ち根の伸長を助けている。本書ではダーウィン以来、周知されてきたが、必ずしも重視されていないミミズの生態とその役割について詳細に紹介されている。

著者の思いは「生きた土壌」からさまざまな生物の生き様と生物間の相互作用、共生関係にまで及ぶ。

細胞免疫系、情報発信、養分吸収、酵素、タンパク質、身体、精神、心の不調和の結果としての免疫低下、抗生物質の抵抗性、多頭飼育、抗生物質、アレルギーなどなど、多くの話題が提供されている。

耕地土壌における無機物質の自然循環

昔から人間は、岩石粉を畑にまいており、数百年もたってから、その実りをうけとっていた。スイスでは岩石粉(玄武岩)の散布が行われていたが、それには鉄、亜鉛、その他の微量元素が含まれている。

果樹園と野菜畑では岩石粉末の使用効果は大きい。

微量元素は植物の生育上重要な役目を果たしているが、その植物の含んでいる微量元素はまた動物や人間に対する微量元素の供給源となり、健康の維持に貢献している。

主要な養分元素、マグネシウム、亜鉛、鉄、マンガン、銅、コバルト、モリブデン、フッ素、セレン、ヨード、ケイ素、カリウム、リン酸などの植物、動物の生理作用において果たしている主な役割について述べられている。

自然界の秩序の原則

近代農業の発展は環境における硝酸汚染問題を引き起こし、肉類の食塩、亜硝酸塩使用過剰の悪影響などももたらしている。これらの問題を克服し、快適な環境を回復し、健全な食料生産を維持するためにも「生命をはぐくむ土」の再構築がなされなければならない。「生命構造の形成と土壌の肥沃さは、秩序ある生命過程と、その過程の中で、それによってだけ安定して存続していくものなのだ」「こんな生命活動を促進し、持続させ、さらに増大させることは有機農業の重要な目標である」と著者は述べている。

宇宙は計画された秩序なのである。調和のとれた秩序をもつ人間は健康であり、調和の破れた無秩序の状態にある人間は病む。

以上、若干の感想をまじえながら内容の紹介をしたが、もちろん触れることのできなかった重要な事項も多い。とくに本書の全体にわたり展開されている著者の農業思想は本文の熟読によってのみ体得できるものであることは言うまでもない。

本書を通読して感じたことは、土壌が生命体として、他の生物—土壌動物や微生物などと、物質や情報の交換などを通じての共生・共存関係を結んでいることであり、自然史的に形成されてきた、土壌─植物─動物─人間の正常な生理活動あるいは健康の維持や、病原菌や有害昆虫との関係の形成の仕組みなどが、それらの過程に関与する土壌腐植の生成過程などとともに解明されていることである。これほど目の行き届いた研究なり論述はなかったのではなかろうか。

この書が日本に紹介されたことは、今後の日本の有機農業や環境保全型農業の発展に寄与するだけではなく、日本の農学研究者にもその研究思想や研究の進め方などにおいても多くの与えるものがあると思う。とくに有機農業の実践者はその経験が理論的に裏付けられ、自信を倍増するであろう。

本書を翻訳された中村英司氏の労を多とするとともに、本書が多くの読者を得て、日本農業の発展に寄与することを強く期待している。

まえがき

生涯にわたり土を耕し続けてきた人や、科学する者として土(表土)と関わってきた人は皆、豊かな土壌の持つ腐植というものが、自然のなかの「驚くべきもの」、「生命の妙薬」だという判断にたどりつく。

数世代にわたって全世界の多くの研究者が、この腐植の秘密を突き止めるために努力してきた。だが、この五〇年ほど前から、地球の表土の肥沃さをこれから先も存続させることができるかどうかわからないという不安が、あらゆる努力の前に立ちはだかるようになった。もっとも、そんな中でも、この問題と長年関わってきた専門家たちの間では、「腐植をとりまく研究について、さらに大きな前進があるのではないか」といった楽観的な展望もあった。

しかし、それに続く数十年の間に農業がたどった道は、生命の法則に沿った農耕の道から大きくはずれ、環境を毒する化学時代と、この上もなく明白な唯物主義への道、つまり一つの袋小路へと入りこんでいった。人間が生き残るためにそこから脱出するには、たいへんな努力を払うしかない道である。

生命の法則に沿った道とは、腐植と深く関わって生きる道であり、自然の秩序に思いを凝らすことが強く求められている道でもある。

「人類は、〈生命の時代〉というものをはっきり自覚するか、さもなければ没落していくだろう！」という声が聞こえてくる。

私たちの次の世代は、やがて訪れる世紀の転換の時期に大きな変化にぶつかることになるだろう。その世代に託された課題とは、混乱した時代精神と、毒物ともなる化学物質重視の思考に決着をつけることである。

ドイツ、オーストリア、フランス、スイスのすべての農家の人々に感謝を捧げたい。私の考えや思いを行動に移すように、常に貴重な励ましを与えてくれたことをありがたく思っているからだ。

エアハルト・ヘニッヒ

第四章 土壌の耕作最適状態としての熟土——土壌生態系での不可欠な構造 87

第五章　土壌と水分収支　113

第六章　ミミズと土壌の肥沃性　121

第九章　生けるものへの手がかり　

第一三章　農地ができあがるまで　225

第一六章　生命の根源が危機に瀕している　275

第一七章　自然界の秩序の原則　293

序章

1　土壌は生命をもつ有機体である

古くから土壌は、ある厚さを持った表土と、その下の土層から成っていると考えられてきた。この表土では、風化によって無機成分が溶け出し、それが植物の養分になるというわけである。今日でも、土壌は単に生命のない物質だと考えられているが、このような見方は静的であり、動的ではない。

水耕栽培での研究によると、植物（作物）は腐植などというものがなくても、化学的な意味での養分さえあれば育つことが分かっている。それによれば、植物は単純な元素化合物、つまりイオンだけを吸収できると考えられてきた。この点からすれば、土壌は養分を蓄えるだけの一種の装置だと考えられ、大ざっぱに言えば、人々は生命のない土壌という考え方に今もしばりつけられているのだ。だから、土壌の中に起こっている出来事を単に重さと量で表現される側面からだけ見てとり、そのように説明しようと、かたくなに努力してきたといえよう。

しかし、実際には、私たちの畑や農園の土壌は動的なシステムであり、さまざまな点で生命を持つ有機体であると考えられる。

たいていの人にとっては、土壌は生きていない物体であるように見える。それもそのはずで、私たちは、例えば肉眼で見えるミミズのようなもの、つまり可視的なものだけを認識するからである。だが、顕微鏡（現在では電子顕微鏡も含めて）の発明以来、人間は極微の生き物、つまり細菌（バクテリア）、糸状菌（カビ）などの微生物を見ることができるようになった。

2 「土壌生物」（エダフォン）●土壌の中に生きるものたち

一九世紀から二〇世紀への変わり目で、その業績を忘れてはならないのは、ドイツ人のラウル・フランセ（一八七四―一九四三）である。彼は土壌の生物、とりわけその生活環境を研究した。土壌生物の総体を、フランセは「エダフォン」（エダフォス＝土壌の中に生きるもの）と名付けた。一九二三年に出版された『耕土の中の生物たち』は当時、大きな注目を浴びた。

現在、よく知られていることだが、肥沃な土壌の中には、数えあげることのできないほどの多種多様な微小な生物が棲んでいる。一グラムの良い野菜畑の土には、数億から数千万、数百万の微生物（細菌、糸状菌、放線菌、原生生物、藻類など）が生きていることが分かっている。例えて言えば、片手に盛り上げた良い土壌の中には、この地球上の全人口よりはるかに多い生物が生きていることになる！

現在、一〇万種ほどの糸状菌（カビ類）が登録されているが、これらは、病原菌は別として、すべて土壌中のどこかで何らかの仕方で土壌の熟土化（後述）に貢献しており、またすべてが何らかの酵素活性を持っている。そして、それぞれの種は数時間、数日間、あるいは数週間の間、ある耕土の中に現れ、消滅し、また再び現れる。

しかし、そのことは豊かな土壌がいくつかの特定の微生物のある量を持っているということではない。あらゆる技術的な努力を重ねても、「表土」という自然環境の中の季節や気象による微生物の変動は数時間ごとにも移り変わっており、その特性を人工的に再現することなどできはしないのである。

もちろん、この表土の中に生きる生物たちは、ひどく敏感で、絶えず変化を続けている。少々の農作業によっては、かれらに損害を与えることはない。しかし、何らかの条件で損なわれた微生物たちの性質はそのまま引きつがれ、土壌の悪化、また作物の病害、害虫の発生を引き起こしたり、作物の減収につながることもある。

3　土壌生物の循環

一九五一年、ルシュとサントは『医事週報』に、「生き物の持続の法則」という論文を発表した。この論文の中には、「自然は余分なことをしない」と書いてある。有機体が死んだあと、生命の本質的な元素はいろいろの組織と細胞へと分散し、あるいはそれらを、化学者たちの言葉でいえば、「無機化」(有機物が無機構成元素に分離されること)する。だが、規則的な崩壊や決まった方向への無機化は起こらない。

確かなのは、個別の「生物」は朽ちていくことである。そして、その朽ちていく身体は、それが生まれてきたところのもの、つまり表土に返っていく。一つの有機体のすべての部分は、それができ上がるのに必要だったものに分解していく。ここでは無機物は再び無機物に、炭水化物は炭酸と水に分かれていき、複雑な構造のタンパク質は分解されて単純な化合物になっていく。言うならば、すべては最初の姿、つまり土と塵に戻るのである。

私たちがごく普通に「生きている」と考えるものすべては、見たところみな崩壊していくが、しかし、生命それ自体は共に終わりを迎えるのではない。崩壊の過程の中から、「廃墟からの新しい生命」、つまり、まさに肥沃な土壌が生まれてくるのだ!

取りまとめてみよう。生命を持ったものの循環は、次のような段階を経て起こる。

1　**分解**　植物性のものと動物性のものはみな分解して、最終的には原形質になる。

2　**構築**　これらの原形質は、新しい有機物の構成員へと再構築されていく。それをつかさどるのは根圏に生きる微生物たちである。

3　**受容**　そして、これらの「生きたもの」は植物の根毛組織を通じて受け入れられ、さまざまなものになっていく。

はじめからあったもの、いわば基石ともいうべきもの、つまり水―空気―太陽光、そして、これらから炭素とチッ素を材料としてつくられ、エネルギーとして生命の循環の中に入ってくるものはこの過程の始まりともなる。それは生命に変えられたエネルギー、水素、炭素（これは二酸化炭素として気化する）、そして腐植化での分解産物として土壌の中へ戻っていくチッ素である。はじまりは出口、終着点はさらなるはじまりであり、ともに永遠に続く自然界の循環なのだ。

全世界の合成化学者たちの粘り強い努力にもかかわらず、いまだかつて生命を持つものを合成した人はいない。また、合成された葉緑素（クロロフィル）がただの一個でも炭水化物を合成したという話は聞かない。そこには、炭水化物を合成する生きた元素が欠けているのである。

第一章　腐植とは何か？

1　その生成の歴史

　腐植は、複雑に結合された有機態および無機態の転換物から、土壌の中に住んでいる微生物と小動物の生活活動によって生じてくる。腐植が生成するとき、特別な役割を果たしているのはミミズをはじめとする小動物である。

　腐植の生成には二つの段階がある。まず土中の有機物の分解が起こり、それと同時にはじまる土壌無機物の分解によって素材となるものができ、そのあと、全く新しい化合物がつくられていく。これは腐植の前駆物質である。腐植の生成プロセスは、その大部分が生物活動によって起こる。

　地球の地殻の最上層部のうち、主として一〇―三〇㎝だけが腐植を含む部分であり、こんな薄い土層だけが人間の生命維持に役立ち、そこから食物がつくり出される。この三〇㎝の土層によって人類の運命が決まるともいえよう！

今日では、腐植が二％含まれている土でも、良い耕土とみなされている。だがこの場合、残りの九八％は何からできているのだろうか。土の種類にもよるが、体積でいうと、ほぼ八％は土壌生物、五％は動植物の残滓、一五％が水分と空気、残りのの七〇％あまりは鉱物質である。この鉱物部分は岩石の崩壊と浸食によってできるのである。

土の構造と耕耘（こううん）適性が最良である土壌（熟土、後述）だけが八―一〇％の腐植を有機物として提供してくれる。他方、人間の手が入っていない原生林の土壌は、多くの場合には二〇％の腐植を含んでいる。熱帯原生林では、土壌有機物の分解が早いのだが、腐植が次第に消耗していくのではなく、腐植を蓄えている。あらゆる森林では腐植が集積しているが、実際の腐植層ができあがるには数千年もの時間がかかる。ロシアのウクライナ地方はかつてそのような腐植層をもっていたし、それはチェルノジョム（ロシア語での黒土）という土壌の類型の一つとして知られている。

いろんな植物群落のうち、ただ森だけがそうなのだが、自らが消費するよりもより多くの腐植を生産する。しかし、ほとんどの植物群落は自らが生産するよりも、より多く腐植を消耗する。ただしマメ科の植物は例外である。他の作物については、収穫ごとに、いや生産のたびごとに、腐植は消耗する。それで、年ごとに、ますます腐植の消耗は大きくなる。もちろん、どんな無機肥料も、この腐植の消耗を補うことはできない。だが、落葉林、そして混合林もそうなのだが、自らの落葉だけによって完全に腐植の消耗を補っている。自然界では、落葉林が手つかずのまま育つとき、腐植が形成され集積していく。

腐植はまずは植物の物質代謝によって生まれてくる。狭い意味での動物の代謝によるのではない。いわゆる厩肥(きゅうひ)は大部分が動物の排泄物であり、天然の腐植形成とは関係がない。厩肥は腐熟して肥料となっていく。

おおまかに言えば、土壌中に生きる微生物は主としてセルローズの分解に関わっているが、あるものは動物の排泄物の腐朽(ふきゅう)に関係する。この排泄物は動物の腸の中の嫌気的な状態を経て出てくる。この事実は、以前には残念ながらほとんど認識されていなかった。

厩肥は、腐熟過程を経ずに、畑の中で「土になる」のである。つまり土に混入され、嫌気的な状態で、長い間「異物」としてとどまっている。しかし、その分解に見合った生物と微生物によって次第に分解されていくが、その間、土壌固有の好気的な微生物たちの活動は抑制される。嫌気的なのか、好気的なのか、つまり腐敗的なのか、腐熟していく過程が優勢なのかという問題は、作物のその後の抵抗性のなさ、または健康にとって決定的に重要である。

土に投入された厩肥がどのように消耗していくかの実例をあげてみよう。ha当たり四〇トンの厩肥を砂壌土にすきこむと、半年後にはほぼ半分になり、一年たつと五分の一に、そして二年後にはほとんど何もなくなるのである。土の中に入れられた厩肥という有機物は、微生物によってすばやく分解され、腐植としては何一つ残らず、無機化されるのである。

厩肥だけを与えられた土は時間と共に腐植の欠乏に苦しめられる。現在までの二〇〇年間、この国（訳注・ドイツ）の土は大量の厩肥によって営まれてきた。それによって腐植に富んだ大地を手に入れるはずだったが、事実はそうならなかった。

厩肥は動物の養分として役に立ったものの残滓（ざんさ）であり、栄養価の高いタンパク質、炭水化物、脂肪など、植物によってつくられたものは消化の過程で分解吸収されてしまい、その排泄物は養分の少ないものとなる。

だから、厩肥を腐植と同じように考えてはいけない。だが、この考えを捨て去ることはむずかしい。例えば、数年前のことだが、ある著名な小児科医が、乳幼児に与えられる野菜の質が肥料によってどんな影響を受けるかを調べようとした。この発想は全く正しいと思われる。しかし、実際には何が分かったのだろうか？　肥料として一つは厩肥だけ、そして厩肥プラス無機肥料が選ばれた。

簡単に結末だけを述べることにしよう。厩肥だけを与えた野菜は、品質が落ちただけでなく、幼児の健康にとって危険であることが分かった。悪性貧血を起こすからだった。ところで、野菜の品質に与える厩肥の影響についての報告書には、腐植を施された土壌で栽培された野菜と書いてあった！　こんな誤解を招くような考えは広く至る所でみられる。厩肥は腐敗による産物であり、インドール、スカトール、プトレスチン、毒性のあるフェノール類が存在しており、土からの産物の品質を低下させていることを人々は見過ごしている。

ところで、後のほうで考えることになるのだが、腐植とは一体なんだろうという問いに簡単に答えることはとてもむずかしい。一般的な説明には、ブロックハウスの百科事典を手がかりにすることもできよう。そこには次のように書いてある。「腐植は土の上層に存在する黒色物質で、植物と動物の遺体の腐朽によって生じる。腐植は炭素に富み腐植酸を含むので、たいていは酸性であり、土の保水力を強め、また無機物を溶かす炭酸を生成する。」この定義は非常に概括的なものだが、腐植のもつ重要な機能を教えてはくれる。

今までの一般的な知識では、植物の残滓は、腐朽過程によって、その最終的な構成元素、その化学的成分と原形質の残滓にまで分解されることが知られている。そして、物質が完全に炭素、チッ素、カリ、リン、マグネシウムなどの元素にまで分解されてはじめて、新しい構築がはじまり、例えば腐植という名で呼ばれるものが形成されるというのである。しかし、より新しい知見によると、植物の原形質は無機イオンにまで完全に分解されるのではなく、ある特定の分子量をもつ最終形態をとることができ、その固有の物質をつくり出すことができることが分かってきた。ここでは、先にあげた「生きた物質の循環」が起こっているのである。

腐植を単一の素材と考えてはならない。むしろ、一つの過程、「形成過程」と考えるべきだろう。それは絶えず変化している多数の条件の集合体とみなすべきなのである。ラウル・フランセの言葉を借りるなら、「腐植は生命からできており、生命によって、生命のためにつくり出されたものだ。」ということなのである！

ゲーテは自然の法則をよく知っていたので、「死は新しい生命をつくり出すための、自然の妙技だ」と言った。

もし腐植に定義を与えようと思うなら、「生命あるもの」という要素を考えの中に入れねばならない。生命あるものすべてを支配している法則とは、調和と均衡である。「調和とは土壌の中の自然の法則によって支配される均衡」と言うこともできるだろう。

実際、腐植と土壌は、生きているものが持つ法則に支配されている。ところが、今日の農業は、もうそのようには考えなくなっている。だが、この法則を無視するなら、土壌は病むことになり、忌地（いやち）、病害虫の広がりなど、さまざまな構造が崩れていく。そして、死んだ土壌は結果として不毛の荒れ野になっていくのである。

腐植は現在までの分析方法によっては完全に解析されていない。灰化してしまえば、腐植がもっていた構造や毛細管現象といったものは何一つ分からなくなる。また、さまざまな土の生物との関連（調和！）についても見失われてしまう。あらゆる化学分析は、酸、アルカリ、塩類などの構造を明らかにするだろうが、腐植のもつ生命力とその機能は手からすべり落ちてしまうのである。

腐植の価値を決める鍵のひとつは、炭素（C）―チッ素（N）の比率を計算することだ。肥沃な土壌はC／N比が一〇対一という狭い幅の中にある。さらに関心をひくのは生物学的研究で、それは生きた環境というものに関わる。それは腐植の中の微小生物の世界、つまり「エダフォン」について調べることになる。ここでは、共生の生活過程、つまり生命共同体の研究も行うことになるが、その場合も決して灰化したりしてはならない。

2　腐植粘土複合体

こんな表現もまた腐植についての定義を言い尽くしてはいない。「原初の素材」（ルッシュの表現）である腐植には、土壌のいちばん細かい粒子、つまりコロイド状態の粘土粒子が特別の役割を演じている。この部分には、さまざまな養分が粘土ミネラルと共に吸着によって結びつけられている。この過程で、「腐植粘土複合体」と呼ばれるものがつくり上げられる。つまり、腐植は単なる有機物ではなく、粘土ミネラルがないと真の腐植の形成は行われないと考えられる。

粘土コロイドと腐植コロイドは、とりわけそのマイナスに荷電する特性によって、土の中に常に存在する塩基を引きつけ、固定し、吸着する。だから、粘土と腐植はひとまとめにして吸着複合体と呼ぶことができる。

さらにまた、腐植は腐植粘土複合体として活動的な土壌構成物であり、緩衝能（バッファー）をもったものとして作用する。つまり、植物の必要に応じて養分を放出する能力をもつ。だから、養分の過剰供給は起こらない。これに対して、腐植の不足した土に育つ植物は、もし無機肥料が与えられると、正常な植物体を構成するのに必要とする以上の養分を吸収してしまう。だから、有機農業での施肥は不必要な過剰消費を決して引き起こさず、エネルギーの大きな節約となる。

確認しておきたいことだが、以上にあげた腐植の特質は、それが単なる物質ではなく、生物的な機能を働かせていることを示しているわけで、事実、私たちの先人たちは、それを「土壌の古くからある力」（地力）だと考えていたのである。そして、この生物的な機能を持つ腐植は、いわゆる表土（肥沃土）に特有のものであり、その構造には他のどんな所にもない機能が示されているのだ。

3　調節者としての腐植

ところで、微生物界というものは、全体として一カ月の間に二、三回もすっかり入れ替わることが分かっている。

このおそろしいばかりの激しい生命系は、それによって巨大な働きをすることになる。誇張なしに言えば、腐植ができる場所は生命に満ちた構造がはじまる所であり、無機物と有機物とが合体するところである。そんな意味でも、ルッシュが言っているように、腐植は原初の組織、ものごとの始まりの組織なのである。それによって植物が生きている組織なのである。その働きのなかには、生命力に満ちた、腐植化しつつある土壌の除菌作用も含まれている。だから、腐植の生成は自然がもつ偉大な調節作用の一つだともいえよう。どんなに強い病原菌でも、腐植化しつつある土のなかでは数日にして消え去る。堆肥の中でも同じことが起こる。

ベルリンにあった「腐植・堆肥化研究所」（所長はグスタフ・ローデ博士）は、すぐれた医学と衛生学の研究者との共同作業によって、極めて危険な炭そ菌、パラチフス菌、結核菌などの病原菌が、堆肥化の間に起こる生物的作用により死滅することを明らかにした。当時、行われた実験の成果は、発生する六〇度から七〇度の高温によるばかりでなく、堆肥化の間に生成する抗生物質によっても起こることが証明された。実際、堆肥の中には純粋なペニシリンも見つかっている。回虫の外殻の硬いキチン質でさえ、堆肥化の過程で生じる酵素（キチナーゼ）によって溶かされる。

この際だった例に示されたように、病原となるものを克服するために、自然界がいかに賢明にふるまうかが分かる。もし仮にそうでなかったとしたら、私たちの地球の表皮たる土は、とうの昔に悪臭を放つゴミの山と伝染病の巣になっていたことだろう！

ほぼ一七〇年前、アルブレヒト・テーア（一七五七―一八二九）（訳注・巻末参考文献参照）は、農学の創立者の一人として活躍していた。テーアはもともと医者だったが、私は彼を最初の「土壌医」と呼びたいと思う。当時、テーアは腐植を表土のすべての生物的機能をつかさどる一つの全体とみなしていた。ところが、それから五〇年たって、ユストス・フォン・リービヒ（一八〇三―一八七三）（訳注・巻末参考文献参照）が無機学説を携えて現れると、人々は腐植という全体的なものについての考えを打ち捨ててしまった。その代わりに現れたのが、中核栄養素、フミン物質、微量元素、粘土結晶体、団粒構造といったバラバラの概念である。言い換えれば、全体性という考えを捨ててしまい、個別の領域へと専門化していったのだ。正に、その後の人間についての医学で起こったようにである。

4 微生物の役割

ここでは表土を指すのだが、いわゆる土壌を、生きたものとみなすなら、土の中の生物たちがどんな役割と機能を果たしているのかは極めて重要な問題である。すでに述べたように、これらの生物は有機物を分解し、新しく腐植という結合体をつくり出す仕事を果たしている。二〇世紀になってはじめて、土壌微生物が実際にどんな行動をとっているかが分かりはじめたのである。例えば、放線菌や酵母菌はさまざまな酵素をつくり出し、それは澱粉、脂肪、セルローズを分解したり溶かしたりする。それぞれの微生物細胞は酵素を持ち、それは特定の生物学的過程を通して、新しい物質の構築に役立っている。土壌微生物の全タンパク質は酵素タンパク質として存在しており、この土壌酵素は植物の根によって吸収されることが分かっている。

この過程はきわめて重要である。しかも、それは植物にとってだけではなく、動物や人間にとってもそうなのだ。例えば、放線菌の一種、ペニシリウムは、抗生物質である純粋なペニシリンをつくり出すことができ、それは植物の根を経て吸収され、さらには茎葉部に蓄積され、その植物は病原菌の侵害に抵抗性を持つようになる。植物の根圏で根毛と共生している特殊な細菌フロラについては後のほうで書くことにしよう。

ところで有機物は微生物によって分解され、新しい物質につくり変えられることを知ったが、このことは土壌の中、さらには堆肥の生成の場合にも当てはまる。堆肥の堆積中で腐熟が正しく進み、完熟堆肥が安定した腐植物質と共に完全な植物の栄養源となる。

5　腐植欠乏の原因

現在、農業用地での腐植が次第に減っていることが問題となっているが、この変化もまた確かな理由がある。認めざるをえないことだが、一九五〇年以降、農業経営のやり方に基本的な変化が起こったが、それは腐植の欠乏と関係がある。腐植欠乏の原因には、とりわけ次のことが関係している。

―家畜なしの、つまり飼料作物なしの経営が増えていること。厩肥はかつては農家の宝物だとされたが、今は捨て去るべき廃棄物となっている。

―途方もない大量の無機肥料（訳注・化学肥料）が、腐植のことなど考えもされずに施されていること。収量は確かに増加したが、それは、さらに多くの肥料と殺虫剤の購入につながっている。

―土の構造の変化に関わる耕耘が、よく考えられないままに手抜きをされている。これは土の踏み固めを起こしている！

――「スキ（鋤）による診断」によって確認されているが、踏み固められた土は当然のことながら水の流れの停滞を起こし、植物の根の呼吸は阻害され、植物の成育は大きく抑制される。こんな土では、土の物理状態、とりわけ団粒構造はやがて失われ、ついで風食にさらされる。

近年、土を深く反転する耕耘の不利が言われている。過度に通気し、天地返しをすることになる。こんな耕し方が引き起こす作用については、テーアがすでに注意を呼びかけている。最近では、この古い耕し方から、土を反転させずに柔らかくして、通気性を良くする方向に変わりつつある。

腐植についてさまざまな角度から述べてきたが、腐植問題が農学の問題点のすべてであるといった理解の仕方は近視眼的であり、まちがっている！　生態的に全体を見通すなら、土の腐植の消長は水分の消長と似たところがある。

忌地についてもいろいろと語られているが、じつは腐植の消失の明らかな前ぶれであるし、また、腐植の減少は土壌浸食の危険なしるしでもある。土壌浸食の次には砂漠化が待っている。これは悪循環である！　どこでも森林（それと共に腐植）が死んでいく時、地下水位の低下が起こる。森は水循環の健康と気候の安定を守ってくれる。そして、諸国民のための生活圏として、肥沃な土壌を得ようとする人間の歴史がいつも繰り返し教えてくれるのは、その土地の腐植が決して何時までもある無尽蔵な宝物ではないということだ。

6 腐植が欠乏したらどうなるのか

その方面の人達の一致した意見によると、ドイツの農地では、この一〇〇年の間に腐植が減少してきているというのは事実だ。テーアの著書『合理的農業の原理』(訳注：巻末参考文献参照)によると、当時のプロシアのもっとも良い黒色の土壌では腐植含量が六・五―八・四%であったが、砂壌土では二%であったと書いている。マルク・ブランデンブルク地方は底堆岩帯にあるが、そこの一五〇年前の肥沃なコムギ土壌でも四%であったという(炭酸石灰の非常に多い土)。

現在、ドイツの最良の黒色土壌でも腐植は二%止まりで、普通はもっと少ない(炭酸石灰は痕跡程度である)。また砂壌土は深いところでも炭酸石灰はほとんど溶脱しており、腐植含量は一%を超えることはほとんどない！　こんな土壌は病んでおり、力がなく、死にかけ、あるいはすでに死んでいる。これらの土では、残った少量の腐植までも流亡しかけており、さらに風食の危機にさらされている。農業の歴史の中には、ないがしろにされた土壌の管理の例がたくさんあり、私たちに警告を与えてくれる。例えば、アメリカの農民は、この七〇年の間に、誤った土壌管理によって、五千年以上もの間に自然界の中に形成された腐植、つまり肥沃な土地を失っている。アメリカの農業史で歴史に残るのは、一九三四年、総計三億ｔの腐植土が深さ一八㎝、ところによっては沿岸三千㎞にわたって大西洋岸に押し流されたことである。

また旧ソビエト連邦でも、数百万haの農地が浸食によって失われた。ウクライナでは、黒い風塵が終日、太陽の光をさえぎったと報告されている。スウェーデンでは、一九四七年二月、激しい東風によって、厚さ一〇㎝の腐植層が流され、それはデンマークにまで達した。

ドイツでも、腐植管理の軽視による土壌肥沃度の破壊の報告はしばしばある。ニーダーザクセンでは風食によって七万ha以上の農地が被害を受けた。氷河時代にできた北ドイツの軽い砂壌土の風食はひどいもので、政府関係の報告によると、作物の収量の減少は一〇—二〇％になることもめずらしくない。

土の腐植の減少は、危険な悪循環を引き起こすのだが、それはほとんど注目されていない。腐植の減少は土壌微生物による土壌粒子の活動的な構築をひどく妨げ、それはまた危険な土壌浸食を引き起こす。腐植含量が低くなると、土は構造を失い、雨や雪によって微細な土壌粒子、つまりコロイドに加えて、貴重な養分になる塩類までも洗い流され、むなしく地下水の中へと消えていく。

腐植が減少するにつれ、地下水が肥料分を含むようになる。硝酸塩が海に達し、海を富栄養化し、藻や水生植物が繁茂すると、治水や漁業に深刻な問題を引き起こす。

フランケンラントは花咲き、実り豊かな土地だったし、そこの治水状態は高い水準にあった。しかし今や、池や沼地は消え失せ、ニュールンベルクの豊かな広葉樹林のあった所には、みすぼらしい針葉樹林が広がっているだけである。

土の中の腐植の欠乏の結果として、次のようなことがはっきりとしてくる。

—耕地の構造崩壊
—土の耕しやすさと、熟土と団粒構造の消失
—耕耘による土の硬化
—風、水、氷による土壌の浸食現象
—土の保水力の低下
—軽鬆（そう）土での土粒の粘着力の低下
—土壌生物の減少
—リン酸の固定とリン酸肥料の不活性化
—酸素や二酸化炭素の交換阻害
—土の吸着能の低下
—地下水汚染の危険性
—停滞水の富栄養化

―流亡と浸透による栄養塩や微量元素の減少
―土の固結と埃塵化
―害虫と病原菌の絶え間のない発生
―収穫物のための労力と設備のための支出は、腐植の豊かな土とくらべて増大する。（エネルギーの浪費！）

7　腐植の生成

自然界で、例えば二・五―五㎝の厚さの腐植層ができるのには千年はかかる。人間の手が加わらない自然界では、森林や手付かずの原野で腐植が生成される。土の中では腐植は腐植によってだけ補われる。今日、腐植の生成はきわめて不十分である。先にも書いたように、私たちの土壌には腐植が乏しくなっていることを肝に銘じるべきだ。

こんなわけで、森林・原野は別として、腐植はあらゆる手に入る有機残滓から、また大量には堆肥や厩肥から新たに生成することになる。

その構造と生物相が傷つけられた土壌が、ふたたびもとの肥沃さを取り戻す道は数多くある。いわば、土壌全体の「治療法」としては、次のような前提を満たすことが必要だ。

—堆肥をつくる
—植物材料で土壌をマルチする
—緑肥の導入
—輪作の中にマメ科の植物を入れる
—農地の表面をいつも「常緑」にする努力
—土壌の湿度を正しく保つ

8　土壌肥沃化の姿

土壌（表土）の肥沃さは植物の肥沃さとなり、植物の肥沃さは土壌とは切り離された生物、つまり動物と人間の中に引き継がれていく。肥沃さという現象は、土と、そこに生きる植物の生命活動の、眼に見えない共同作業といえよう。

タンパク質、またホルモンなどの作用物質、さらに酵素、ビタミンなどは、土壌が生み出したプロセスを経由して作用する。腐植を含む土壌によって、植物の健康が養われるだけでなく、動物と人間の健康も土壌に依存していることを忘れてはならない。土壌は生きており、私たちも植物を介して土壌が持つ力によって生きている。この場合、土壌の無機成分も植物を経て働いている生命活動に利用される。生物界の均衡と調節機能の阻害が強まると、それは人間、いやそれよりも先に家畜たちにいくつかの病気がでることへとつながっていく。

フランスの研究者、アンドレ・ヴォアサン(一九〇三—一九六四年)が「動物と人間の病気を治したければ、まず土壌を健康にしなければならない」と言ったのは的を射ている。

土壌の中の生物界の調和を保ち、それを乱さないためには、いくつかの事を実行する必要があるのは当然だろう。

そのためには、土壌中の活発な生物活動を促進させるためのあらゆる対策があるが、まず第一に考えるべきことは健康な腐植の働きである!

一つ確かなことがある。土壌を傷つけることは、動物と人間の身体をも同様に傷つけることである。そこでは、病気にかかりやすい状態のタンパク質がつくられるからである。こんなタンパク質は細胞の中で物質代謝を傷つけるように働き、そんな細胞は細菌やウイルスに冒されやすくなる。

誤った施肥、とりわけ可溶性のチッ素を与えたり、微量元素、例えばタンパク質合成に不可欠な亜鉛が不足すると、タンパク質の性質が不完全な植物ができる。スイスの研究者たちは、タンパク質の質が生死を分けることがあり、少なくとも病気になるかどうかを決定する要因になることを説得力を持って教えてくれる。

さらに付け加えるべきことは、あらゆる生物体の細胞、つまり植物、動物、人間の体を構成する細胞の基本物質として、二つの物質がとりわけ重要で、一つはタンパク質、もう一つは核酸であることだ。複雑な構造を持つ核酸のどこかが傷つくと、かならず生物体にとって異質なタンパク質ができ、その結果の一つとしてウイルスが生じる。

残念なことだが、私たちの農地から採れる「日毎の糧」にも含まれている、いわゆる「病虫害防除農薬」その他の化学物質は、細胞毒素として、原形質の障害を引き起こす。健康な細胞がこれらの薬剤、または腐敗毒素によって障害を受けると、誤ったタンパク質合成、または酵素の機能障害を起こし、病原性の細胞、つまり細菌の劣化を引き起こす。こんな細胞が植物体内にあると、健康な組織がつくられることは決してないだろう！　この事は、土壌細菌にもあてはまる。特に腐敗化の過程で障害を受けると、細菌体内の基本構造のなかに欠陥のあるタンパク質がつくられる。先に述べたヴォアサンは、これについてすばらしい言葉を残している。「動物や人間は、大地の生化学的なコピーだ」と。私たちが見抜くべきなのは、全体が問題であるということで、人間全体について言えば、それはまた精神と心も関係しているということである。この全体から見れば、人間の生命に対する問いかけにも答えが見出だせるのではなかろうか。

表土に戻って考えると、ここでも土壌というものを一つの生命を持った有機体、つまり一つの全体として理解するべきであり、そうしたいものである。だが、この全体に属するものとは何だろうか？　土壌生物、腐植のほかにも、物質循環の中をまわっている無機物質がある。またさらに、地表に繁茂する植物群とその豊かな根系がある。その上、もし私たちがアメリカの科学者、ピーター・トンプキンスとクリストファー・バードの『植物の神秘生活』(訳注：巻末参考文献参照)に書かれていることを味わって読むなら、植物もまた何か心のようなものを持っていることを信じたくなるだろう！

9　あらゆる生命過程の担い手としての原形質

私たちの健康は、タンパク質の健全な構築に大きく関わっている。そして、生命力ある腐植の豊かな土壌だけが、完全なタンパク質をつくり出すことができる。タンパク質と原形質は、あらゆる生命過程の担い手だ。この時、チッ素は決定的な役割を演じる！

生きた細胞はチッ素からタンパク質をつくり出す。チッ素はきわめて重要な栄養素であるばかりか、原形質をつくるタンパク質の成分として、あらゆる生命の基盤となる。

私たちが食べるものは体内で消化され、その栄養素は血液中に入り、身体のさまざまな細胞に供給される。細胞は物質代謝を行い、生命のない物質から生命をそなえた複雑なもの、つまり原形質をつくり出す。タンパク質が物質代謝に果たす役割は、私たちがそれぞれの細胞分裂において原形質があます所なく利用されるのを見て取る時によく分かる。原形質は正に生命をつくり出し、成長を調節し、植物、動物、そして人間の健康を守ってくれるものである。

タンパク質の化学構造をみると分かるが、これは高分子の構造を持ち、その構成元素は二〇をこえる多様なアミノ酸からなる。これらのアミノ酸のいくつかは、人間の身体そのものを構成するものであり、その多くはいわゆる「必須」アミノ酸である。つまり、毎日の食べ物に欠かすことができない。この必須アミノ酸の含有は、その大部分が一つの食物の栄養価の大きな決定要因である。

しかし、植物にチッ素を過剰に与えると誤った構造のタンパク質ができ、細胞の中での代謝が障害を受けることになり、その結果、先にも書いたように、細菌やウイルスの侵害を受けることになる。そんな状態になると、細胞の中での物質代謝は不可逆的な、つまり後戻りできないような障害を受けることになるだろう。そして植物の生命活動の中で、健康な細胞組織が構築されにくくなる！　ヴォアサンが「癌の発生では、細胞の物質代謝の不可逆的な障害が起こっている」と言ったこともうなづける。

実際、そうであるとすれば、「不可逆的な」という言葉は、現在広く行われている治療法の作用の効果が限定的でありうることを示すものになるだろう。あらゆる私たちの努力は、根源的な意味での予防という方向に集約されねばならない。私たちの土壌についても、私たちの細胞での代謝を最善に保つような方向で対応しなければならないことになるだろう。

このことと関連して意味深いことが、発癌のメカニズムを研究しているアメリカの研究者たちによって認められている。タンパク質と似た物質である核酸はＤＮＡ（デオキシリボ核酸）と略称される。このＤＮＡは、人体の細胞のあらゆる遺伝形質の保持者、あらゆる生命過程の調節者である。

デオキシリボ核酸は右旋型の分子構造が普通であるが、この研究者たちは、左旋した変性型のものを発見したのだが、これは癌組織に特異的に見られる無秩序な細胞増殖を引き起こすと考えた。しかし、この重要な発見が実際の臨床的対応につながるには、なお年余の集中的な研究が必要であろう。

第二章　堆肥は健康をもたらす

ガイセンハイムにある連邦品質研究所の前所長だったシューファン教授は次のように言う。

「過剰な無機肥料、とりわけ可溶性のチッ素肥料は、明らかに農作物の品質低下を招き、味を悪くし、価値ある含有物を減らし、さらには貯蔵性を失わせ、病気にかかりやすくする。」

もしも土壌に良質の堆肥がきちんと与えられるなら、農作物は食味が高まり、貯蔵性と害虫や病気への抵抗性を強めるばかりか、無機肥料による収量との比較にも耐える生産物を生み出す。

このことはパン用の穀物についても当てはまる。今や、おおかたの人は堆肥に岩石粉末を加えて生産された日ごとのパンがどんなに美味しいものかを忘れている。

四〇年の間に、人はほぼ四万二千回も食事をするのだが、非常に重要なことは、「自分の食べるものは皆、良きにつけ悪しきにつけ、自分の身体の一部となる！」ということであろう。

1　堆肥の癒す力について

良質の堆肥の癒す力は家畜たちについても言えることだが、抵抗力を持つ持続的で健康な状態は、何よりも腐植と堆肥の一貫した働きによる有機経営の循環の中に見てとれる。たくさんの実例の中から、いくつかを取り上げてみたい。

口蹄疫

四十年代に、この病気が農場から農場へと恐ろしい勢いで広がり、たくさんの牛が感染して死んだとき、農家の間には次のような出来事がセンセーションをまき起こした。ある有機農場の放牧地が合成肥料と未熟厩肥を使う農場と隣り合っていた。この有機農場の牛たちが、病気を持った隣りの農場の牛たちと一緒にいたにもかかわらず、口蹄疫に感染しなかったのである。堆肥を施した飼料が牛の抵抗力に大きな影響を与えることが明確になった。

豚コレラ

同じ頃、いくつかの養豚場で豚コレラが猛威をふるっていた。数千頭の種豚や肥育豚を屠殺しなければならなかった農家の損失は手痛いものだった。それに対して、良質の堆肥を準備していた農場での病気の蔓延は非常に少なく、数頭の豚は病気になったが、致命的なことにはならず、回復も速かった。土壌腐植 ― 堆肥 ― 飼料という自然に即した循環は健康な家畜を育てたのである。

家畜感染症研究所での実験

注意深く調製された堆肥の効果についての科学的検証の一つが、バルト海の小さな島、リームス島にある家畜感染症研究所で証明された。

そこでは口蹄疫と豚コレラに対するワクチンがつくられていた。研究所の獣医学者は、疑念はあったものの、口蹄疫と豚コレラの組織検体を、私たちが調査した堆肥の山の中に入れた。その結果はたいへん満足すべきものだった。しばらくしてから届いた通知によると、組織検体の中の全病原体はすべて死滅していたのである。私たちが厩肥からつくった堆肥の一gの中には、数億の細菌と数百万の糸状菌や放線菌が含まれていたことを考えたとき、有機物を堆肥に変え、それにより腐植を生み出し、また抗生物質やその他の作用物質が形成されるのを目の当たりにすることができたのである。

2 生物の持つ癒す力

私たちは、正しく調製された堆肥の癒す力を知ったが、生物たちの癒す力全体について何を知っているのだろうか？　過去の自然科学は、現在の生命系の序列をつくり上げたのだが、しかし、今になっても現代の唯物主義がその限界にきているという認識にたどりつくまでにはいたっていない。私たちの生命の序列は、残念ながら今後とも物質と物質の法則によって支配されていくだろうと思われる。しかし、ひそかに忍びよる退化現象を認めざるをえない。道徳や倫理の低下、家庭の崩壊、大量の離農、そして無意味な利己主義が現れているのだ。

このまま行くと、人間は、生命にとって無価値なものは容赦なく抹殺される法則によって処理されることになるだろう。それは、まさしく植物界で、農芸化学的につくられた農産物が、もしも毒物を噴霧することがなければ、自然界の「公衆衛生担当官」（！）、つまり、いわゆる「害虫」の手を借りて抹殺されるのと似ている。

農家の人々が多年にわたって馴れ親しんできた考え方と行動が、特に、その養分についての考え方において、こうした農芸化学を七〇年にわたって受け入れずにきた。だがその後、腐植に関する実践（テーア）がまだ初期段階であったので、チッ素―リン酸―カリの三元素（リービビの無機栄養説)という楽観論に道をたやすく明け渡してしまった。

生物学的な考え方が、いわゆる暗黒の中世の遺物として評判が悪くなり、「新しい化学肥料」が人間の栄養を確保するための、すばらしい救世主的な考えとして登場した。ルッシュは早い段階で、その筋道を見通し、次のように言った。

「大部分の農民は新しい施肥法に対し、理屈よりは心情的に反発していたが、それも次第におさまった。その後の農民の世代はチッ素、リン酸、カリの三元素の考えを受け入れ、工業界とその専門家の指示に従い、その使用書を読み上げるのにすっかり満足したのだ。」

土壌と腐植は、有機体として、きわだった配列原理の上に立つ単位を形づくっており、私たち人間が破壊したり、手を加えたりしてはならないものだ。この土壌—腐植というつながりの中にあって、人間は全体の中の一部として運命的に組み込まれている。四〇年以上も前のことだが、ルッシュは、エネルギー保存の法則という周知のものの論理的帰結として、「生きているものの保存」の法則を想定した。このことを考える中で、いわゆる「生理的細菌」が生命力ある土壌および人間を含めたあらゆる生物との間の、生命力あるものと遺伝物質の特殊な媒介者であることも明らかにした。

それと共に、当時まだ初期段階だった有機農業が、最初の自然科学的な正当化を得たのである。つまり、すでに当時、まさに確かな本能によって、自然に育ち、人工的に追いあげたりせず、有害物質に汚染されない野菜や果物がもつ癒す力を認め、熟慮の末、多くの農民が農芸化学者の指示に従うことなく、自分たちの食べ物として農作物の栽培をしたのである。

進化の発展の最高の段階にある人間が一番危険にさらされている。というのは、莫大な量の合成された異物と毒物を摂取することで、人間にとって申し分のない価値があり、完全な生命力ある食物連鎖からますます遠ざかっているからである。やがて、不自然な条件下でつくられていない、いかがわしい毒性のある化学物質を含まない食物は、もはやどこに行っても見つからないようになるだろう。同時に、人間や家畜に、しばしば隠された形ではあるが、今まで見たことのないような病気、抵抗力のなさ、無力な状態が現れるだろう。もしも人が折あるごとに、有機農業を営む農場を訪ねるなら、その農地、育っている植物、家畜、そして農家の家族の健康さに気づき、深い印象を受けることになるだろう。それは疑いもなく生命力あるものが持つ癒す力である。

何であれ、持続的な癒す力は、生命という原理抜きには存在できない。道を誤った自然科学がそのことを反省し、誤った教育を受けた人間を正しくし、自然に即した考えに立ち戻らせ、生命力の大きな役割を認識するようになることは、正に至高の時である。ところで、「打ち倒そうとしておられる人々を、主は盲目によってこらしめられる」とはどういうことなのだろう。私たち人間は、環境汚染を生命にとって極めて重要な問題であると考えるようになってはいるが、農地、河川、海洋などの汚染を、怖れを覚えながらも、なお放置している。しかし、考えてみなければならない。私たち自身に何が起こるだろうかと。人間と環境が急速に悪化しているときにも、自分自身は変化していないと考えるなら、それはひどい思い違いである。すべてのものを思うがままに変化させることができる世界からのしっぺ返しにはほとんど気がついていないのだ。

ごく少数の研究者たちは、環境の破壊が人間の精神の健康に与える作用に気付いている。ひそかに広がっている毒物によって人間の精神と心が損傷を受けていることは、もはや見逃すことができなくなっている！　集中力の低下、抑鬱、攻撃性ばかりでなく、精神を病む人々の増加も、それによって説明される。

第三章　土壌生態系の中の根の意義と機能

生物学の授業のときのことを思い出すが、植物の根系は胚性のもの、つまり発芽しつつある種子の中に存在している幼根と、不定根、つまり葉や根茎から、また挿木の周皮から、あとになって出てきた根に分類される。はじめの場合、胚から出る根は主根となり、そこから側根が発生する。これらの根は地中のいろんな方向に伸びていく。側根からは、またひげ根が発生し、これは壁が薄く、その表面に根毛を出して表面積を大きくする。この根毛は土壌粒子及び土壌微生物と密接な関係をつくる。

そのほかにも、ツタなどの植物での支持根は植物体を固定する役目を持ち、ランなどの気根やヤドリギなどの吸収根は主として養分を吸収し宿主植物の成育を支える。

植物研究者でもあったゲーテは、植物がある場合は重力にそって土の中に根を伸ばし、また重力に反する方向の大気中にも伸びることについて書いている。

地球の歴史からみた植物根の生成について、A・F・ハラー(先に書いたラウル・フランセの共同研究者)は、『腐植について』の中で、次のように書いている。

「地殻は微生物によって、岩石から文字通り解放された。これは地球の歴史に新しい光を投げかけた。大型動物や植物が陸地に生まれるはるか以前の長い期間に豊かな土壌の形成によって、それらの生活空間が準備されたのだ。生物として、まずは単細胞が生まれ、かなり遅れて多細胞生物が登場した。これらは土の腐植の中にすでに存在していた生命に適応して生まれたに違いないと考える。そう考えれば、植物の根の発生と機能とはおのずと分かってくる。」

1　植物の発達

高等植物は皆、その個々の生長をたった一個の細胞からはじめる。つまり、受精した胚細胞である。その原形質の中には、当然のことながら、胚細胞が一つの発育過程をたどるあらゆる力が秘められている。胚細胞から、種子植物では種子の胚が発達し、それは発芽のときに幼植物となる。

しかし、土の中の根の推移を見ないなら、私たちは植物の一部分である地上部だけを見ているわけで、もう一つの、同じように重要な部分は隠されたままである。

根の発達と、その仕事

種子が発芽するとき、最初の生命体として現われるのは根である。植物の生活の中で、その根は二つの仕事を持っている。

―植物のからだを形成するために必要な養分と水分を吸収する。

―植物の体を土の中で支える役目を果たす。

―生長しつつある植物のための、いくつかの養分のストックに役立つ。


発芽植物は、まだ根が十分に伸長する前に、すでに土壌としっかりと結びあっている。ごく細い幼根にも土の粒子が付着し、洗い流されることはない。よく見ることだが、細根は石の小片としっかりと結合し、次第に石を溶かしている。

植物の根は、その植物に見合った養分の取り込みをはかり、それは植物体の構築、種子形成、植物体の維持に欠かすことはできない。一本の植物には数百万本の根毛が生じ、それは根の分泌物（主体は有機酸と酵素）によって、土壌から必要な養分を溶かし出し、それはまた植物の種類に見合って吸収された水分と混合される。

植物体内の養分と水分の循環

水分の吸収、さらに一般的にいうと根を通じた養水分の吸収は、ほとんどが根の先端部の近くにある毛のような細く若い細胞によって行われる。主として、このいわゆる根毛が土壌から養分と水分を吸収するのだ。一方、根の先端は、「キャップ」を持っており、根冠と呼ばれ、根の柔らかい先端部を保護している。土の中を伸び進む根の先端部は、岩石粒子と接触することですり減るが、まもなく新しい組織にとって代わられる。

根の先端部のうしろから長さが数ミリの突起した表皮細胞からなる部分がはじまるが、これが根毛帯である。根毛の寿命は数時間から数日といわれ、常に新しく生成されては脱落する。

根から吸収された養分と水分は蒸散流に乗り、導管を通って地上部の葉、針葉、茎に転流する。転流では、はじめその植物にとって異質であった養分がその植物に適したものに変化していき、同化を経て地上部の茎、葉に移動する。

一本のシラカバの樹冠が三〇㎡をおおっている時、ほぼ二〇万枚の葉を持つとされ、一日に三〇〇—四〇〇ℓの水を蒸散させるが、雨の日には八—一〇ℓにすぎない。平均して一日に六〇—七〇ℓとされる。一つの生育期間には九〇〇〇ℓに及ぶ。百年生のブナ林では、一ha当たり、一日にして二万五〇〇〇—三万ℓとなる。

根の伸びる長さ

土層が乾いていると、根は湿った土を求めて伸びる。地中に埋められた水道管の中にさえ侵入する。ルーサン（ウマゴヤシ）のように、一二ｍも伸びるものもある。

植物の種類によっては、予想をこえて地中深くに伸びるものがある。採石場では、五—八ｍの深さに根や根の痕跡を見つけることがある。樹木の根は四〇㎝から一四ｍ（ナラなど）に及ぶものがある。世界で一番、樹高の高いカリフォルニヤのセコイヤは一一一ｍあるが、その根の深さと全根量は、はたしてどれ位の大きさがあるのだろうか？

「膨圧」のエネルギー

伸びつつある植物体は、それに抗する力に対して、かなり強い圧力で抵抗する。研究によると、一㎡当たり、四・三—一五ゲージ圧（大気圧をゼロとして表す圧力表示）の膨圧エネルギーが生じるという。六気圧のときには、直径一〇㎝、長さ一ｍの生きた根と根茎は外部に対して六〇〇〇㎏の総圧力（外部への）を生じる計算になる。石の間に挟みこまれた茎や根によって重い石がずらされたり、岩がおし広げられたりすることの説明がつく。植物の根は巨大な力で伸長し、道路に敷かれたコンクリートやアスファルトを突き破ることができる。膨圧は、細胞や生きた組織の内圧であり、細胞液の浸透圧によって細胞をいっぱいにふくらませるように作用する。

根毛の作用面積

根のついた一本の植物を、どんなに注意深く上から引き抜いても、その微細な根毛を確かめることはむずかしい。根毛は側根からちぎれ、土の中に残るからである。どっちみち、根毛を肉眼で見ることはできにくく、顕微鏡を使って、この吸収根を見るしかない。

三〇㎝の深さの土の中で、一㎡当たりの根毛の作用面積は、マメ科植物を例にとると、八〇㎡、ムギ類では一〇〇㎡と推定されている。この値をha当たりにしてみると、根毛の表面積は一〇〇万㎡にもなる。

一本の樹木の根を数えた人はいない。ライムギでの研究によると、総根数は一三〇〇万本、総延長は六〇〇㎞となっている。一株のライムギの根には、極微な根毛がほぼ一四〇億本(!)ついていると推定される。この根毛をつなぎ合わせると全長で一〇六〇〇㎞にもなり、これは地球の北極と南極の間の距離に当たる。この途方もない根や根毛の数は、植物が湿度と養分を求めて土壌中のあらゆる空間を探し求める努力の結果なのである。根毛の発生する根の部位では一㎟当たりにして四〇〇本にも及ぶ根毛があるとみられる(パウリ、一九八八による)。

これらの根毛の微細な組織は植物の吸収器官、いわば植物の口であり、人間の腸の絨毛に当たるものだ。

収穫残滓に含まれる根の量

土の腐植をふやすには、収穫のあと、地中に残った大量の根を大切にすることである。これらは土壌中の小動物の豊かな食べ物ともなる。クローバーとイネ科作物の混作や間作は大量の根をつくってくれる。この根は徐々に土の深部へと入り込み、土層を破り、柔らかくし、空気を送り込む。アブラナの根は五〇日間で一六五㎝も伸び、一〇〇日で二五〇㎝にもなる。マメ科のシナガワハギは、パイオニア植物として土層の深いところを開墾し、一〇〇日に三ｍも突き進む。

化学肥料によって根の量がふえるかどうかという問いに対して、ルシュは次のように教えてくれる。

「化学肥料が腐植の代わりをつとめるという主張は評判が悪く、有機農業の現場では以前から否定的である。腐植の働きを利用した栽培は、はるかに多くの根量をつくり出し、それによって、例えば霜害や乾燥に耐える作物を生みだす。実験をしてみると分かることだが、化学肥料によって増加するのは地上部であって根系ではない。地下部は反対に活動がにぶる。人工的に増加させられた大量のイオンによって、必然的に地上部は水の流れをとり込むことになる。その反対に、根系の形成はなおざりになる。つまり、根の量が増えるのではなく、むしろ減少することになる。」

団粒構造の圧縮は植物の抵抗力を弱める

土壌構造の破壊による土の圧縮によって、活性の高い根圏は敏感に反応して活性が低下する。圧縮によって起こった遮断層によって、植物は下層土にある水分の多い所から切りはなされ、例えば夏の渇水期には障害を受ける。雨が降ると、圧縮層の上に水が停滞し、団粒構造は水びたしになる。植物は、ある時は多湿となり、ある時は渇き、植物が持つ自然の抵抗力は弱まり、病害を受けたり、害虫の被害を受けることになる。

土壌構造が支障をきたす場合に、植物はどんな反応を示すだろうかは、根を見れば分かる。植物の根は土壌の状態の鏡である。特に、サトウダイコンやカブなどの直根は土壌構造の障害に敏感に反応する。

2 植物の根の生活空間

植物の根と、根圏に生きている土壌生物は、その生活空間に大きく依存して生きている。この生活空間は孔隙(こうげき)空間であって、大小さまざまの孔隙によってみたされている。機能的に孔隙は大きさによっていくつかに区分される。

―大孔隙(直径が〇・〇一㎜以上)は、土壌の空気の流動に役立っている。根と土壌生物は呼吸し、酸素の供給に依存する。

―中孔隙（直径が〇・〇一から〇・〇〇〇二㎜）は、土壌の水分の通路をつくり、雨水をプールしている。

―小孔隙（〇・〇〇〇二㎜以下）は、土壌が乾燥した時、最後に残った水分を保持し、土壌生物の生活の維持に役立つ。

人間が、その皮膚の穴を通じて呼吸しているように、土の中でも酸素と二酸化炭素の交換が起きている。この場合、土の中の空間、いわゆる孔隙が決定的な役割を果たす。それはちょうど魚のエラと同じである。土の孔隙が五〇％、つまりその半ばは空気、他の半分が水分（土壌団粒の保持水）で満たされているとき、もっとも好適な状態である。農地を常に有機物でカバーする状態（堆肥の表面マルチなど）は、地表を保護し、土の団粒構造と孔隙の安定を保ってくれる。また、土の中の水分が過剰になると、その結果として、いわゆる「ミクロ浸食」が起こる。それを防ぐのは、土の中の生物たちによる団粒構造の構築であり、その大前提となるのは生命力に満ちた腐植の多い土である。

3 根圏とは何か

土の中で植物の根が密集しているところでは活発な生物的な転換が起きている。こんな場所を「根圏」とよんでいる。念のため付け加えると、これはもちろん、作物だけでなく、いわゆる雑草についても同じことだが、根が伸び広がっていない所と比べると、微生物の活性は特に高い。根の乾物重、一gの中に一億もの細菌が見られることも稀ではない。根圏での微生物の量は、非根圏にくらべて一〇―二〇倍も多いと見られる。根圏の微生物と小動物では、細菌が特に多く、それは分解しやすい有機物を餌として生きている。たえず死んでいく細かくデリケートな根毛は微生物にとって不可欠な炭素の貯蔵庫で、とりわけ空中のチッ素を固定するアゾトバクターに栄養素を供給している。つまり、植物の根は、これらの微生物がたやすく利用できる物質の供給者だといえよう。一方、多数の根圏生物は、ビタミン、ホルモン、酵素などの作用物質をつくり出している。だから、植物の側にとっても、これらのミクロな生物や小動物はさまざまな点で大きな意味がある。

植物に与える根圏微生物の働きをまとめてみると、

―チッ素供給の改善(アゾトバクターなどの多様なチッ素固定菌)。

―無機元素、とりわけリンの可溶性化。
―植物の生長を促進する活性物質やビタミンの合成。
―病原性の微生物に対する抗生物質の放出。

一方、根圏の意義に関して、フランセ・アラールは次のように言っている。

「今や、私たちは植物の根というものを、高い能力を持つ器官だと考えるようになった。以前からも、根の先端を〝根の頭脳〟と呼んできた。根が、その働きによって、いろいろの問題を解決する力のあることを確信するようになっている。土壌の化学的価値とは別に、根毛の力をかりて土の中を探り進み、不必要な塩類溶液を締め出し、正確な方向を見定めて植物を垂直に固定し、やむことを知らないポンプの働きによって地上部にある茎葉、花、果実に水分と養分と作用物質を供給する。実際、根は信じがたい位の大きな作用プログラムを持つ唯一の器官なのである。」

誰でも知っているイギリスの科学者、チャールズ・ダーウィン（一八〇九―一八八二）は、『植物の運動能力』という書物の中に書いている。「植物の細根の先端が下級動物の頭脳のように働いているというのは決して誇張ではないだろう。その頭脳は感覚器官からのサインを受けとり、いろいろの運動方向を決めるのである。」しばしば根は、細菌、糸状菌、藻類の集まったコロニーを貫き抜ける。根の運動でよく観察されることだが、それは「探索行動」であり、決して無目的ではない。それは何時も土中の微生物などのコロニーが周辺にある所に向かって伸びる。また、根圏全体を見渡すと、ミミズもまたその中に入る。ミミズは単に土との関係で大切なだけでなく、植物とその根にとっても大きな意味がある。ミミズは「坑内で働く」のだが、地中深く(時には五ｍまで)穴を掘り、その後に多くの掘り穴を残し、その壁は粘性物質で固められ、しっかりとしている。植物の根は好んでこの残されたミミズの坑道を求めて伸びる。そこで根は自由に伸長し、ミミズが残した糞の中のすでに消化され可溶性となったチッ素、リン、カリ、カルシウムなどの養分を見つける。ミミズもまた土の生態系の一員なのである(「ミミズと土の肥沃性」の項参照)。

4　根からの分泌物

植物の根は根毛を通じてさまざまな物質を分泌することによって化学的な働きもする。分泌されるものとしては糖類が多いが、各種の有機酸もあり、土壌中の鉱物質の分解に一役かっている。クエン酸はリン酸塩を溶かす。

また、根から出るものとして各種のアミノ酸がある。コムギの根からは一四種のアミノ酸が放出されることが知られている。またエンバクとオオムギがマメ科植物と混作されると、ムギ類はマメ科の植物の根から放出されるチッ素化合物をたくみに利用する。また根からは、アミノ酸のほかにグルコース、フラクトース、黄色物質、ビオチン、アルカロイド、植物ホルモンなどが放出されることが分かっている。しかし、根からの分泌物としてもっとも重要なのは二酸化炭素だろう。これは根の呼吸によって出てくる、いわば老廃物であるが、水に溶けると弱い炭酸となる。これは自然界での、鉱物などの風化を引き起こす重要な要因となる。最後に、根の表面からは酵素も排出される。これは、それと触れる土の中の有機物の分解を引き起こす。

パウリが確かめたことだが、草地での分厚い植物マットの場合、その根からの酵素の活性はきわめて高い。根量が少ないと、土壌生物の量が貧弱になっていき、それに伴って土と植物の間の生化学的「シグナル物質」も減っていく。標準的な細胞が含む酵素の種類は莫大な数であり、複雑な分子構造を持ち、個々の酵素分子群はそれぞれ決まった化学反応を行う能力を持っている。

5　自然界での生命共同体　授受の関係

植物と土の中の微生物との共同生活は、根のすぐ近くの場所、つまり先に書いた根圏の中にはっきりと見られる。ここには糸状菌と細菌が集中的に集まっている。根は文字通り土壌微生物におおわれているといえよう。植物と土壌生物との、この共同生活は、お互いの交互作用の上に成り立っており、つまり共生なのである。根はたえず有機物を放出し、多数の細胞を離脱させ、それらは微生物の食べ物となり、反対に微生物のほうは植物の根に対して養分を可溶性にすることによって協力している。

土壌は決して岩石の風化による、生命のない被膜などではないし、バラバラの組織でもなく、植物の根と、微生物と小動物による生物的な構造体である。つまり「生物共同体」なのだ。

自然には、個々バラバラの個体というものは存在しないのである！　あらゆる生き物は、共生するものに「感染している」のであり、例えば生命のある所には、また細菌も常に存在する。共生にはいろいろの形態があるが、ただ一つの目的がある。この場合についていえば、植物の根が仕事をしやすいように働くのである。

このテーマの締めくくりとして、トラントポールの次の言葉は考えをまとめるのに良いきっかけとなるだろう。

「農業の集約化が進むにつれ、栽培における重点は、腐植による施肥から無機肥料による施肥、農機具の多用、合成物質による害虫と雑草の駆除へと移り、私たちの農地での自然の生物共同体は次第に傷つけられ、やがてはすっかり駄目になってしまうだろう」。

食品の消費者たる人間にとって、農地での生物共同体（生物群落）の内部での生化学的変化がどの程度まで起こるかは無視できないことである。何故なら、それによって食品の組成と生物学的な品質が変化を受けることは確かであるからだ。

食品の消費者（つまりすべての住民）が、誤った栄養の危機にさらされていることを認めざるをえない。だから、植物の根での物質代謝、つまり根と微生物との間の物質交換に、やがては今までよりもはるかに大きな注意を払わざるをえないことになるだろう。今ようやく終わりかけている偏った植物無機栄養の時代よりもさらに大きな注意を払うことが必要なのだ。

6　菌根菌（ミコリーザ）　さらなる生物共同体

樹木、灌木、草本植物などの根は、特にその生育初期に土壌中にいる菌類と共生関係にあるものが多い。こんな現象にはミコリーザ、つまり菌根菌が関わっている。

土壌の腐植中に生きる菌類のあるものは根の細胞の中に入り込み、植物との密接な共生を営むようになることがある。この場合、根の中に入り込んだ菌糸体（ミセル）は次々と植物に消化される。

その共生が終わると、根は菌を破壊し、その炭水化物、タンパク質やチッ素、無機成分などを受け取るが、これらは土壌中の腐植から菌が溶かし出したものである。つまり、菌根菌は、腐植の多い豊かな土壌と、その上で育つ植物とを結びつける生きた橋を形成していることになる。

このようにして、菌根菌によってつくられた養分は、土から植物の中へと運びこまれることになるが、菌による分解産物は、植物の病気への抵抗性や、その品質のための出発点であることが認識されるようになっている。

一方、菌根菌は、宿主である植物が光合成によってつくり出した炭水化物などいろいろの産物を自分の養分として利用している。

ところで、植物の緑葉の働きは、土壌の性質、土壌と植物との関係に大きく関係するが、最終的には、この緑葉の働き(光合成)に地球上の一切の食料の供給が依存しているのであり、それ以外に食物が生まれてくるところはない!

そのほかにも、この共生菌は有機酸の放出によって土壌の中の難溶性のリン酸や長石を分解し、宿主植物がリン酸やカリウムを吸収するのを助けている。

菌根菌には、森林に見られるたくさんの菌類が含まれている。そのあるものは、一つの宿主に限定して共生するものもある。

菌根菌は、病原性のある菌類とは違い、宿主に害を与えることがなく、そのさまざまな作用によって宿主の生育を促す。いくつかの植物は、菌根菌の助けなしでは発育を続けることができない。植物の生存上、極めて重要な共生者だといえよう。

7　共生系での作用物質の役割

根圏のところで書いたように、植物の根を囲んで微生物の集団が密集しており、強力な生物的作用のある層をつくっている。研究の結果分かったことだが、肥沃な土壌は、さまざまな作用物質（アミノ酸、ホルモン、抗生物質、酵素など）をたくさん含んでいて、植物の生長を促している。根圏にはビタミンB_2やB_{12}がたくさん含まれている。腐植が豊富にあり、その結果、微生物が多くなるにつれ、これらの作用物質もより多く見られる。例えば、根圏内では圏外よりも常にビタミン量が多い。

従来からの古い無機栄養説による農芸化学上の見解は、近年、大きく揺らいでいる。最近の研究によれば、植物は根から無機イオンと同時に、有機物、例えばアルカロイドや抗生物質など、分子量が一〇〇〇を超えるものも容易に吸収することができることが分っている。

抗生物質が根を通じて吸収されるとするなら、ビタミン、アミノ酸その他の有機物も同様に吸収されることに異論を唱える根拠がなくなる。これらは、その化合物としての組成と分子量について、抗生物質よりも複雑なことはないからである。つまり、これらすべての有機物質は無機養分と同じように吸収されるだろう（クラスイルニコフの研究）。

ペニシリンは分子量三三〇余で、健康な土壌や腐熟した堆肥の中に存在するが、比較的たやすく根から吸収され、植物体内に蓄えられる。

ペニシリンなどの抗生物質に反応するような病原菌が土壌から植物の中に入ってくる場合には、病原菌に対する植物の抵抗力は大いに高められる。

近年、高等植物同士の「交互作用」が次第に明らかになっている。植物の根などを通じてフィトンチッドと名付けられた作用物質が放出されており、これは抗生物質のような作用があるとされる。植物界全体に渡って自然の免疫性に重要な働きをする因子の一つである。

特に、ニンニク、タマネギ、カラシナ、ワサビダイコン、そしてイラクサなどから出るフィトンチッドの作用が注目されている。園芸栽培では、ある植物が、ある特定の植物とはうまく折り合わないが、他の植物とは促進的に働き合っていることが知られている。一方、古くから作物栽培と園芸栽培では、混作の利点が知られている。その認識に立って、フランケンの農家であり著述家でもあるゲルトルートは、長年の研究の結果、「混作農業」を完全な有機農業へと発展させたことで知られている。

第四章　土壌の耕作最適状態としての熟土*

——土壌生態系での不可欠な構造

「熟土」という概念ははるかな昔からある。私たちの先祖は、土の微生物学的プロセスを今ほど良く知ってはいなかったが、自分の畑の土を良い状態(熟土)に仕上げ、それを長く維持することにはみごとな理解力を持っていた。当時、土を耕した人たちは、鋭い自然の観察者だった。農民としてなお大地に足を踏みしめて生きており、スキ(鋤)で土を耕し、ハローでならしながら、畑の土の状態を感じ取っていたのである。

*訳注　「熟土」はドイツ語の Gare または Bodengare(英語の tilth)の訳語として採用した。

しかし、今はまったく違う。農家が畑を耕すとき、土と身体的に接触することはまずない。ある農民がトラクターの上から畑を眺めはするが、土に降り立つことがないとき、何を感じているかと問われると、彼は「以前は馬の後ろについて畑を回ったものだが、今は馬はもういないし、機械に乗ったきりなので、土についての思いはすっかりなくなった。」と答えた。

1　ゲルビングとスキ(鋤)診断法

一九二〇年、ヨハネス・ゲルビングは、土壌のスキ(鋤)診断法を考え出した。それによって土壌構造の欠陥、例えばスキ(鋤)床の硬化状態などが簡単に分かるようになった。ゲルビングは、この方法を用いて、熟土の判定、植物の根の状態、根圏の状態などを研究するのに役立てたのである。それは、ドイツの農耕の中に新しい方向を切り開いた。彼は生きている植物と、その基盤としての土壌を、土壌研究の中心に据えたのだ。そこに農民がかかえる問題、究極的な構成因子としての腐植を含む土中の物質交換のとぎれることのない連鎖、そして熟土の確立と維持とを見抜いたのである。

ゲルビングの後に続く二〇年(一九四〇年代まで)では、優れた農民や研究者が、熟土や腐植の問題にとり組んだ。というのは、土壌の肥沃度が目に見えて衰えてきていることが分かってきたからである。そもそも人々は、土壌の肥沃さと土の高収量能とを取り違えていたと思われる。この二つは根本的に違うものなのだ!

土壌の生物圏(エダフォン)と土の肥沃度についてのラウル・フランセの研究が多くの研究者によって取り上げられたのは、第二次大戦のあとのことである。名前だけをあげれば、ラーチ、シェファー、フランツ、クビエナ、セケラ、パウリ、プロイシェン、ローデ、シュテルウエーク、ゲルビングなどがいる。スキ(鋤)診断法を理解したいと思っている初心者にすすめたいことがある。まず、普通のスキ(鋤)を使って、深根性の植物(例えばカラシナ)が生育している土のレンガ大の土のブロックを切り出し、根が伸びている状態を調べることである。その人は、スキ(鋤)診断法がいかにたくさんのことを物語るかに驚くだろう。

スキ(鋤)診断法を使って、毎年、表土層の横断面と縦断面を記録してみると、年を追うごとに「耕土の経歴」を見ることができる。病気が起こって消えていく経過をも追うことができる。

近年、行われている土壌構造の調査の結果を見ると、驚き、警告を与えられる。つまり、わが国の畑地の状態が悪化しており、多くの場合、作物の根が一〇cmから一五cm位しか伸びていないのである。土壌の肥沃度と植物栄養にとって、この実態は驚くべきものである。

2　セケラと土壌の健康度調査

ウィーンの土壌研究所のフランツ・セケラ教授もまた、植物の根とその生活空間をみずからの研究活動の中心に据えた(一九四〇)。まず土壌の硬化と熟土の縮小の原因を探究し、また、たいへん有害な土の硬化の影響を見極めるのに有益な手段としてゲルビングのスキ(鋤)診断法を推進した。とりわけ、セケラ博士は、土の団粒構造の研究に全力を集中したが、その時、重い機械を用いた耕耘によってできた人工的な土壌構造と、自然にできた生物的な団粒構造とのはっきりとした違いを区別した。実際、雨や冠水のぬかるませる作用によって傷め付けられていない安定した耐水性団粒は活力ある土壌生物に富んだ土壌によってだけできあがる。

土壌微生物や小動物は、粘性ある分泌物、つまり菌糸体、菌糸、粘液体を放出して土壌粒子を結びつけて、生物による橋と生物連鎖をつくり出し、土壌構造全体をしっかりとしたものにし、それに弾力性を与える。こんな団粒の形成によって、空気を含む孔隙ができ、土壌生物全体が十分に呼吸をすることができるようになる。孔隙と細孔の形成は、ミミズやワラジムシなどの小動物によって維持され、土の十分な通気とガス交換ができるようになる。さもないと、微生物は自分自身の代謝物によって抑制されてしまう。激しい雨が降っても土が損傷を受けないようにしてくれるのが、この通導組織である。どんなに激しい雨がふっても、微生物のコロニーが押し流されることはなく、その構造はとりわけ強い粘着力によってつなぎ合わされている。こんな状態を、セケラは「団粒構造の生物的構築」と呼んだ。土壌生物に栄養がゆき渡らなくなると、この生物的構築も壊されていき、団粒の安定性も弱まる。

いったん、有機コロイドが粘土―ケイ酸コロイドと結びつくと、貴重なもの、つまり腐植粘土構造複合体ができてくる。これほど良質の、しっかりとした、しかも孔隙の多い土は考えられない。例えば砂と比べて八倍もの水分を蓄えることができる。また、不可欠な養分の流亡も阻止され、その緩衝能（バッファー）によって酸性やアルカリ性へとpH（後述）が変動することもない。この複合体による構造の内部は驚くべき表面積を持ち、土壌一m²当たりにして、じつに二四km²にも達する。

こんな肥沃な土の反対は、無機肥料を使って土の塩類濃度を高め、重い大型の農機具（トラクター、ビート・ジャガイモ掘り取り機、コンバインなど）によって土が踏み固められた、死んだ無機土壌である。セケラは団粒構造の消失は一種の栽培病だと考え、それは反自然的耕作法の結果として起こったとした。

フランセやセケラの書物を読み直してみると分かるが、生物的要素を無視し、化学肥料を使用しつづけることは、豊かな土の微細構造の消失を引き起こすのである。熟土の消失は、土への化学的攻撃の予見できる自明の結果なのだ。

3　一九五〇年以降の災いの展開

一九二〇年から一九五〇年にかけての三〇年と、そのあと現代までに、土壌の耕作最適状態（「熟土」）という概念はなお、残り続けているのだろうか？　生命現象である熟土は、今日では、あらかた機械的―物理的なものとみなされてしまい、言い換えれば耕すのに都合のよい孔隙組織とされ、唯それだけのようだ！　抜け目のない企業家たちは、粘性をつくり出す人工素材を提供し、それによって自然の良い土壌構造をつくれると信じているのだが、熟土は単なる機械的、物理的な孔隙組織では決してない。もしそんなものがあるとしたら、適当な機械で人工的につくり出すことができるだろう。だが、本物の良い土壌構造はそんなことでは決してつくられることはない。そんな耕土なら、何回か雨が降れば崩れてしまい、土壌粒子は溶け出してしまうが、適当な機械によって引き続き土をほぐし、見掛け倒しの熟土を再建することができることになる。

だが熟土は、土壌構造の一つの器官であり、物質代謝の輪の中で、きわめて大切な役割を担っているのだ。生物がつくり出す生命共同体の中でだけ、生物の最適生存状態が可能である（全体性！）。熟土も、こんな共同体に属しているのである。

農芸化学者は、チッ素の代謝にのっとって生物的な効率の大小を決めている。普通は、植物は有機物の残滓の中に、自分が必要とするあらゆるものを見つけている。何故なら、そういった材料は生命活動から生じたものだし、だからこそ、生命過程にとってふさわしいからである。生物に満ちた土壌から、十分な量のチッ素を手に入れることができるということは、かつてリービヒの言ったことからも分かる。彼は、植物は、人間の手で与えられる量の「百倍」、いや千倍の量のチッ素を自然から受けとっていると言ったのである。もう百年以上も前のことだが、彼は、人間が「生物による物質循環のなかに化学肥料を使って介入する」ことに明白な警告を発していたのである。

良く知られたイギリスの医学者が、かつて皮肉をこめて言った。「医学がひどく進歩したので、健康はもうどこにも見られなくなった。」と。土壌にふりかえて言うと、「わが工業的農業が大いに進歩したので、もう土壌の熟土構造はなくなってしまった！」

4　熟土の種類と特徴

霜による熟土化

古くから人は熟土の概念をいろんな言い方をすることにより、それぞれの特質をうまく言い表わしてきた。

とりわけよく知られているのが、「霜による熟土」で、耕耘の失敗をなくし、もとの通りにしてくれると誤って考えられている。霜は大粒の土塊をもたらし、秋の畑を飾るもので、春になるまでの間、氷点下になるごとに、部分的には土を細かくしてくれるのだが、その他の部分では大型の農機具で、播種床を整えるようになるまで、繰り返し耕さねばならない。こんな機械的な砕土は本物の熟土とは似ても似つかないものだ。ひと雨降ると、いわば器械でつくられた団粒は、ばらばらになり、地表はぬかるみ、硬くなって酸素不足になってしまう。やむを得ない土の耕耘(酸素を供給するための)は、もし腐植が十分に貯えられているなら不必要なことだ。霜による熟土は今でも農業の現場でよく聞かれるが、見掛け上の土壌構造であり、「見掛けの熟土」とでも言えばよいだろう。

遮光熟土

地表をおおい、厚くひろがる植物カバー(例えばナタネ、ジャガイモ、緑肥など)は、まもなく地面への光をすっかりさえぎるが、この時、ある程度、熟土ができてくる。これは昔から遮光熟土として知られている。しかし、植物が収穫され、機能的な地中動物(とりわけミミズ)がもはやいなくなると、この熟土はまもなく消えてしまう。

これらのほかに、ルッシュがきわめて詳しく具体的に述べており、そしてはじめて正確に定義された二つの熟土層がある。

その一つは微生物熟土(細胞熟土)層と、もう一つはプラズマ熟土層である。

細胞熟土

これは、その名が示すように、細胞を識別できるからであり、微生物の細胞を実験室の顕微鏡の下ではっきりと数えることができる。新鮮な厩肥の中には一視野に数千の細胞がみられる。植物はこんな多くの細胞を含む生の厩肥を受けつけることはできない。この状態のままでは決してすぐに土の中に鋤き込んではならない。新鮮な厩肥は土の表面でコンポスト化するのが一番よい。それによって、そのエネルギーは土壌生物にとって好ましいものになり、微生物の「培地」となる。地表で厩肥散布機で「少量ずつ、繰り返して」ひろげ、砕土機でごく浅く土と混和する(酸素の供給!)。小量ずつ、表土でコンポスト化することは、慣行農業から有機農業に転換する手はじめとなる。しかし、土壌の表面は活性化が不十分で、まず以上のような方法で土に厩肥を与えて土壌生物(エダフォン)を活性化し、また豊富にすることが必要なのである。この厩肥コンポスト化の中では、微生物の細胞数は初期値まで急激に減少するが、こんなコンポストは植物の根にとってとりわけ有益である。というのは、コンポストはすでに「消化されて」

いるからである。二、三年間、表面コンポスト化をしたあと、有機農業への移行の第二段階に進むのだが、それは単なる堆肥生産から表面コンポスト化への明確な移行なのである。繰り返しになるが、土が十分に活性化されていてはじめて、表面コンポスト化のすぐれた利用価値が生まれてくることに着目すべきである。

この重要な方法を守る場合には、慣行農業のほうからの批判、つまり有機農業での収量にばらつきがあるという発言も力を失うだろう。有機農業のめざす腐植の生成、また土壌に適した表土でのコンポスト化によって、この農法の収量は、平均して慣行農業のものとあまり変らないようになるだろう。またチッ素の収支についての批判、つまり有機農業では、植物の生育の最盛期にはチッ素が欠乏するだろうという考えは的外れになる。このいわゆる細胞熟土の成立には、数百万の微生物と小動物が参加する。有機物の強力な分解は、表土の三―八cmの層に広がる微生物のコロニーの形成によって起こる。この土層の数グラムに住む糸状菌だけをつなぎ合わせると百メートルをこえる長さとなり、一グラムの土の中の微生物の数は百万の百倍、一億をこえることになる。

さらに、死んだ微生物コロニーと生きた土壌生物の活動がもたらす排出物はお互いに結合して粒子となり、時には肉眼でも見えるような表土に近い土層での団粒をつくる。

だから、一つの団粒構造ができるのには土壌生物の働きが必須である。微生物は、この団粒を構築し、腐植のうすい層をはり付けて内張りし、熟土をつくり上げる。これは、どんな畑地、どんな機械でもつくり上げることができないような完全さである。この構造の内部空間は、細胞熟土の孔隙をつくり出す。

この微生物熟土には一つだけ欠点がある。微生物の食べ物がなくなると、熟土は消えていく。実際には、年に一度だけ土に「養分を与える」だけでなく、土の表面を可能な限り引き続き植物でカバーすることが、微生物熟土を維持するのに必要である。

プラズマ（原形質）熟土

細胞熟土とは違って、プラズマ熟土の中には細胞はほとんど存在しない。どこが違っているのだろう？　細胞熟土は、大きさでいうと千分の一ミリ以上の細胞からできているのに対して、プラズマ熟土のほうは、いずれにしても、それよりもはるかに小さい粒子（細胞ではない）からできている（コロイドの領域）。

有機物の残滓の集まりは、有機と無機の養分と微生物の生活がすっかり消耗するまでは存続するが、その後になると、微生物の細胞の自己消化（オートリーゼ）がはじまり、細胞の生きた内容物が遊離する。接着性の土壌では、これらは土の接着力によって固定され集積する。この過程によってできるものをプラズマ熟土という。

上に書いた「細胞の生きた内容物」を理解するために、手短かに説明したい。自然は無駄をしない。生命の本質的な元素は、有機体が死んだあと、すべての組織は無機化し、水溶性の無機物になる。

プラズマ熟土については、土壌の中での下の限界を決めるのはむずかしい。土の下の方では、この熟土形態の生成は、植物の根が次から次へと分解していくことによってだけ続くからである。下層土では、数メートルにまで達し、さらには土壌動物、とりわけミミズがこの有機物を下方に運ぶ。

プラズマ熟土の状態は、腐熟した堆肥と比べるのが一番よい。完全な土にまでなったコンポストは好気性条件のもとでは、ほぼ完全にプラズマ熟土だけになっている。

プラズマ熟土は、空気を含んだ細粒の土で、粗大な粒子や土塊を含まない。適当なルーペで見ると、空気を含んだ細かい孔隙と多孔質の構造がみえてくる。プラズマ熟土では、細胞構造は分解しているし、活動中の微生物の細胞構造も少ない。プラズマ熟土の大きな意味は、無機と有機の構造(分子)の関係が明確なことである。この関係は、無機イオンと有機イオンが結合する、いわゆるキレート結合に似ている。その結合によって、コロイドの作用が働くのである。この強い結合力は、イオン群も生きた物質(プラズマ)の粒子も共に、しっかりと結合させることができる。つまり、それによって、プラズマ熟土でできた土壌の高い吸着力が生まれてくる。

これは、微生物熟土（細胞熟土）の持つ水分吸着能よりもはるかに強いのである。プラズマ熟土から最終的に生じてくるのは、先に書いた生きた組織の「原初の形態」（ルーシュの表現）であり、ここに腐植が生成するのである。分割された粒子（限界表面生長）の大きな表面積の増大によって起こる強いコロイド結合力は、例をあげれば次のように説明できる。コロイド粒子の大きさは、一ミクロン以下である。物質の分割につれて、全粒子の表面積の合計が大きくなることは誰でも知っている。分割が続くなら、限界表面積の増加は例えば次のようになる。

コロイドでは、主として化学的転換によって、土の中で、特に養分（アニオン、カチオン）の吸着と水の結合が生じる。

土壌の一番細かい粒子は、主に粘土鉱物（モンモリロナイト）である。粘土と腐植の結びついたものは「腐植粘土複合体」というが、土壌の中では特別に重要な意味がある。この複合体はコロイドであり、負に荷電しており、土中にある塩基を吸着保持する。この吸着複合体で、「土壌の原形質」（プラズマ）という概念がつくり出される。

少し寄り道をしたが、プラズマ熟土へと話を戻すことにする。

プラズマ熟土は細胞熟土よりもはるかに力強く、障害物のない下層土では三〇―五〇㎝の厚さにまで広がることもある。また植物の根が細胞熟土層では伸び悩むことがあるのに対して、プラズマ熟土層では栄養根や根毛が勢いよく繊細な根系をつくり出す。根圏での、こんな根系は根の受容器官であり、人間や動物の消化器官とその絨毛にそっくりである。

土から一本の植物をそっと抜きとる時、一塊の粗大な根系が手のうちに残る。この植物体内の汁液の流れる器官は、人間でいえば腸のリンパ組織に相当するものだ。それに対して、繊細な根毛群はルーペや顕微鏡でしか見られないが、それは土の中のプラズマ熟土層のなかに残り続ける。その根毛群には受容器官が広がっていて、そこでしか手に入らない養分を受けとっている。

果樹園では、地面を耕すことはあまりしないが、そこでよく見られることだが、植物の細かい根系が、地表に近いところまで広がっている良質のプラズマ熟土層の中に伸びている。そして、そこで例外的にしか見られないことだが、細根は地表に向けて、つまり「上の方に向かって」伸びている。この例が示すように、プラズマ熟土は地表にまで広がっており、細胞熟土のほうは、せいぜい浅い地層にまでしか広がらない。

実際、驚かされることだが、植物に養分を供給するために、細根というきわめて微妙な受容器官がつくり上げられているのである。だからこそ、トラクターなどの重機による機械的な介入や、何らかの化学物質がたやすく熟土形成過程を破壊することにもなる。そして、一つの受容器官の広がりが信じがたいほど大きく見えるのと同じように、根圏に起こっている植物が関係する物質代謝の規模の広さも私たちを驚かせるのである。植物の根が放出する物質の大きさは推定によって算出されている。根冠から分泌される粘性物質は、トウモロコシを例にとると、ha当たり、一作について、一〇〇tのレベルにも達している。こんな大量の分泌物はこの植物の地上部の量とほとんど同じくらいである。

最近になって、世界の農学者たちは植物の根の研究、また根圏の研究に打ち込むようになった。土壌の中での物質循環がきわめて重要な意味を持つことを知ったからである。眼に見える植物の地上部での物質循環は以前から注目されてきたのに対して、地中で生育する見えない植物の根と、根に関わる空間には長い間あまり関心が払われないできた。だが植物―植物根―土壌生物―土壌構造という関係は、一つのものであり、全体性を持つものとして考えねばならない。パウリは言っている。

「土壌と植物とが機能的な一体性を持つことを理解することによって、根をはりめぐらした土壌が科学的にも実際的にもきわめて大きな意味を持つことがますます明確になってきた。」

例えば熟土が、空中チッ素を固定する独立生活性の細菌、アゾトバクター・クロオコックムの生活と機能とに深い関係があることが分かってきている。この細菌はとりわけ微細な根毛の上に生活しているだけでなく、他のさまざまな土壌微生物によって消化された微細な植物残滓の上にも生息していることが知られている。

5　二つの土層

先に書いた二つの熟土、つまり細胞熟土とプラズマ熟土は、二つの異なる土層としてはっきり区別される。

分解層

土壌の主として最上層部、数㎝のところに広がる細胞熟土は分解能を持った微生物に富んでいて、それはもっぱら分解的な働きをするのであり、有機物として供給されるほとんどすべてのものを分解利用する。ここに働く微生物は分解微生物、または分解フロラと名づけられる。これらはもっぱら熟土の上部層、つまり分解層に住んで活動している。この分解層は細胞熟土と呼ばれる構造を持っている。この層では、植物の根は比較的少ない。この層では植物根のさかんな発達が進まないからと考えられる。

構築層または合成層

あらゆる有機物が「消化」される「分解層」を数㎝下がると「合成層」(構築層)に移行する。

この層になってはじめて植物は養分を吸収する根系をつくり出す。この合成層では、第二の熟土構造、つまりプラズマ熟土が発達してくる。この層では全く新しい微生物界を持つ物質循環がはじまる。今までほとんど検出することができなかった大量の細菌群集が突然現れてくる。これらは植物の細根と根毛という環境の中で発達したものである。植物の地上部が緑になり、葉緑素形成がさかんになると同時に、これらの新しい微生物が根圏に現れてくる。これは根圏フロラ（植物相）と呼ばれる。こんなフロラは一つの「特別なフロラ」であり、植物の根毛と共生し、植物に対して養分とさまざまな作用物質を用意してくれる。

確認しておきたいことだが、細胞熟土は土の分解層に属し、プラズマ熟土は合成層に属するのである。

この二つの土壌層は自然にできたものであり、それぞれ異なる特別な機能を果たすために存在している。だから決して土壌を深く反転したり（トラクターで耕したり、スキ（鋤）で土を鋤き返したりすること）、土をかき混ぜてはならない。自然にできた土壌層を無理に反転すると、厩肥や緑肥のような有機物は正しく分解されなくなる。分解菌は酸素の不足している土の領域では生息できなくなるからだ。そんな有機物は腐敗する。そのほかにも、植物は土の反転によって不適当な環境の中で根を伸ばすことを強いられることになる。植物の根は好ましくない土壌層を避けようとして苦しむことになるだろう。また熟土の団粒構造は土を反転することによって手ひどく傷つけられる。かなりの時間がたった後になってはじめて新しい機能を持った熟土ができてくる。人間が相も変らず地表と細胞熟土とプラズマ熟土を混合するなら、腐植形成のための諸前提も駄目になってしまうだろう。

この数十年の間に得られた経験や知見は、土の耕耘のための機械、とりわけプラウの構造に新しい道を示すきっかけとなっている。

6 フランセの土壌生物圏(エダフォン)と熟土

一九九三年一〇月二二日に、ディンケルスビュール市の歴史博物館の中に設けられたラウル・フランセ資料館の開館式に当たって、F・W・パウリは自分の記念論文、「フランセの土壌生物圏と土壌の生命力学」という小論文の中で、やはり熟土の問題に触れている。傑出した土壌生化学者パウリのこの論文は一言で言えば「熟土」に特別な重点をおいているといえよう。中心部分を抜き書きすると次のようである。

「ある土壌の肥沃さとは植物と土壌生物が到達した生命水準の現れと、その量の大きさであり、絶えず生成し再び消えていく団粒構造の中にははっきりと見てとることができる。植物群落の生育期間の間、引き続きこの団粒構造が存続し、水分の過剰な時にも崩れることがないなら、そんな土壌は柔らかくて耕作に適していることになる。こんな団粒構造の土壌を農民たちは〈耕しやすい土〉、つまり熟土と呼んでいるのだ！」

「この熟土の生成は、鉱物粒子が無機コロイドと有機コロイド（粘土と腐植物質）によって結び合わされ、目の細かい集合体になることからはじまる。活動を続ける土壌生物と、たえず生長するがたえず死んでいく、繊細で、しかもしっかりとした根系の働きによって、次第により大きな土壌粒子集団ができてくる。この場合に大切な役割を果たすのは非生物的にできた細かいミクロ団粒が放線菌や小型の糸状菌によってゆるやかに結び合わされる作用である。この場合、コロニーをつくっている細菌、そして特に表土に生きている微細な藻が、部分的にはその広い細胞壁の被膜を利用して土壌粒子と団粒の粒子の糊付けによる、ゆるやかな接合に貢献する。また単細胞の細菌は、物理化学的に見るとコロイドであり、大きな表面張力を持っている。一方、生きた高等植物のほうからは、そのあらゆる細根の根冠のゲル物質と微小な根毛のうすい粘膜が根がつらぬき通る土壌空間の「生命構造」の成立に貢献する。」

「土壌生物のすべては、その多様な代謝産物によって土壌の中のいくつかの養分連鎖の内部でさまざまな土壌生物の仲間のための好ましいエネルギー源となり続けている。だから、土壌生物の凝集作用などは土壌の生命構造にとっては一時的な作用にすぎない！　次々と生長する根系とならんで、豊かな増殖を続ける土壌生物は、次から次へと生じてくる有機残滓の増加によって、分解されながらも構築され続ける土壌団粒のバランスを支えるために不可欠である。こんな状況のもとで、土壌の生命構造の形成と土壌の肥沃さは常に生かされることになる！生命構造の形成とは、秩序ある生命過程と、その過程の中で、それによってだけ安定して存続していくものなのだ。」

「こんな生命構造を促進し、持続させ、さらに増大させることは有機農業の重要な目標である。」

7　土壌と人間の類似性

土壌の熟土層でのさまざまな生化学的な進行と、人間の体内での同じような機能とがきわめて似ていることに気づかれる読者も多いだろう。

実際、土壌の中の有機残滓での養分の転換でも、人間や動物での「消化」と同じような過程が重要な役割を果たしている。ただ、いくつかの違いはある。人間は、その咀嚼器官によって食べ物を大まかに細切する。一方、植物が食べ物を受け入れるとき、食べ物の細切は土壌生物の役割である。つまり、食べ物は土壌生物によって細切され、部分的には飲みこまれ消化される。微生物は細胞構造を大型分子に転換させる働きをする。

人間と植物の間の消化方法の違いは大したものではない。両方とも、それぞれ固有の細菌フロラを利用している。アリストテレスが正しくも言ったように、土壌は植物の胃であり腸だとすると、人間の消化装置でのもろもろの作業は同じような目的を追求していることになる。つまり、与えられた食べ物の中の細胞構造を分解し、骨格構成物質と内容物を破壊し、生命を持っていたものを分解する。それをするのは人間と動物では腸で、土壌の中では根圏である。

植物の根圏細菌フロラは、そのまま人間の腸のフロラと同じように考えることができる。いくつかの乳酸菌は咽頭と腸粘膜に住みついており、同じ種類の菌が土壌の中の根圏にみられる。

「人はその食べるもの、そのものである！」はよく言われる言葉だ。しかし人間は自分のためにならないもの、時には病気を引き起こすものも食べることがある。ところが、植物の場合は違う。土壌の中で、無数の微小生物の大群があらかじめ選別と養分の篩いわけを引き受ける。植物がそれを自分でやることはできない。食べ物を求めて動くことはできないが、植物の腸フロラともいえる根圏フロラの助けをかりて、人間と同じような選別をするのである。

このようにして見ると、私たちの食物となる植物は真の意味で「薬草」（有益なものを選別してくれる食べ物）なのである。しかし、それは人間が今後とも自然の秩序ある原則と法則を乱さず、誤った管理を行わない限りでの話である。土壌の物質代謝は、ちょっとした侵害によって破壊されるのだから。

8　熟土の消失は「修復」される

熟土が消失することがあるが、それは土の生命体構成が不十分で腐植形成が少なくなった結果、熟土が不安定になることによって起こる。表土が滞水したり硬化したりすることが原因の主なものだ。熟土減退の修復は一つには農作業の技術上の課題、もう一つは生物的な課題である。次のような対応によって、その減少はくい止められ、熟土は再生する。

―団粒構造の硬化に対して、機械的に割れ目をつくってやると、これにより下層土との結びつきが開けてくる。

―生物的な課題としては、硬くなっている土壌をふたたび生物体で満たし、熟土形成を可能にすることである。この課題は植物が受け持つことになる。土壌にすばやく根を張らせ、根系を十分に伸ばさせるようにすることである。

植物の根が絶え間なく伸長し、その生命機能が充実したあと、根毛は次々と死んで微生物の食べ物となり、熟土の形成が再開されるだろう。

死んでいく根毛にはすぐに微生物が住みつき、根毛の組成物は、その体内に取り込まれる。空になった根毛空間は腐植の被膜によって内張りされ、水分や空気の通路となる。よく知られているとことだが、収穫を終えた畑では植物がすっかりなくなり、そこの熟土は乾燥し、その表面は硬くなる。もっとも、普通の自然界では植物が全くない地面は存在しない。そこは砂漠となる！

百年も前に言われた言葉がある。「鎌で刈ったら、（すぐに）犂を走らせろ」と。その言わんとするところは、草を刈ったばかりの畑の表土をすぐに浅く耕すことにより、表層熟土をできるだけ保護し、傷つけないことである。

どんな方法であれ「深耕」には良いところがない。なぜなら、生命体の存在しない無機的な土壌を掘りあげることになるからである。生きた土壌帯（分解層）であっても五〇cmぐらいも掘りあげるようなことをすると、主として嫌気性のバクテリアだけからなる深部生物層が突然、地表に出てくる。土層の反転は土壌生物にとってまさに自然の大変動のようなものである。これは生物にとって「地震現象」ともいえよう。

トラクターやコンバインなどの農機具は年ごとに重量が増えている。その重量によって土壌生物の生活圏が圧縮され、毛細孔隙がせき止められて土壌の通気性が悪くなる。土壌生物によって微細団粒構造がいくらかでもできあがるのには、長い時間が必要なのである。

トラクター、コンバイン、根菜類の掘り取り機などの機械を使わざるをえないなら、土壌構造に、より配慮した土壌管理がますます不可欠であり、それにより機械が引き起こす障害を減らすことができる。

土壌を組織的に生物の豊富な熟土にすることができた時、そして巨大でエネルギーを浪費する機械を使うことを控え、土を反転させない道具を導入することができたなら、いつの日か、高馬力で重いトラクターなどを追放することができるようになるだろう。土壌を耕す技術は、土壌の中の小型生物、とりわけ微生物の生活環境をそれぞれの土層で良好にし、また保護するための技術であることをはっきりと認識するべきだ。

農業が始まった初期から、農民は肥沃な土とそうでない土とを、その熟土構造の典型的な形によってはっきりと区別することを知っていた。しかし、土壌の熟土構造は再び失われる危険にさらされている。激しい雨が降り続くと、植物が生えていない地面では団粒構造が壊され、太陽や風は、こんな地面をひどく乾燥させ、熟土構造は失われて土壌粒子に戻っていく。

この熟土の破壊は、土壌の種類やその土地の気象条件によって違うだろうが、間作として緑肥を栽培することによって大幅に抑制することができる。緑肥植物の葉におおわれて、良い熟土状態が再びできあがり、ここにいわゆる遮蔽熟土が発達してくる。こんな方法、つまり畑を決して植物のないむき出しの状態にせず、「常緑」にしておくことは熟土構造を保つのに一番よい方法である。

百年ほど前に、ドイツ農業は実践的農民のシュルツ・ルピシュに教えられることが大きかった。彼は先駆的な緑肥の導入によって、出口の見えにくくなっていた当時の農業の停滞に活路を開いたのだった。現在においても、熟土にとって緑肥栽培は標準的な価値を持っており、輪作の中に確かな地位を占める場合にも同じように有益なのである。

また、有機物で地表をマルチすることは、熟土形成を最適な状態にしてくれるだろう。その意味では、

—表土をおおうことは直射日光から微生物の発育を守り、最適な細胞熟土を保護する。

—地表を植物でおおうことは地表からの水分の蒸発をおさえ、それによって熟土化の均一な進行を助ける。

—地表のマルチは土壌の小型動物の活動を促進し、細胞熟土の生成を促す。

—有機物による地表マルチは土壌生物のための養分を継続的に提供するので、栄養マルチと言うことができる。

とりまとめて言えば、有機物や植物による地表のマルチは、農耕の諸問題の多くを解決してくれる。土壌を生きたものとみなす者にとっては、マルチの中に農業での正しい手段を見出すことになる。

印象深いのは、長年の間ブドウの単作を続けていた果樹園での熟土のできた土と、そうでな

い土との違いである。その現場で自ら経験したことだが、樹列にそって堆肥でおおわれた土壌は柔らかく弾力性があり、雨が降ると海綿のように水を吸い込み、それを受け止め、そしてまた、熟土構造が安定しており、土壌は生き物でおおわれていた。ひとことで言えば、熟土構造のできた土壌は絨毯の上を歩くようであったことを鋭い観察者は見てとるだろう。

同じことが、クローバーとイネ科の牧草の混作緑肥を刈り取ったものでマルチをした土壌についても見ることができる。

これに対して全く違う状況にであうのが、植物の生えていない土の表面で、あらゆる雨、太陽、風などの影響にさらされている。熟土構造のできていない土壌の代表的状態を、人はこの地面を横切るときにはっきりと「感じ取る」ことができる。そもそも熟土の本質をまだ理解していない人は畑を素足で歩いてみるのが一番よいと思う。

第五章　土壌と水分収支

1　水は収量と土壌の肥沃度に決定的に影響する

古いギリシャの諺に「水はすべてである」というのがあるが、これは現代でも全く正しい。人間と動物のための飲料水だけでなく、人間や動物を養う作物についてもそっくり当てはまる。世界的にみた飲料水の供給が簡単ではないことはよく知られているし、そのことは年を追うごとにむずかしさを増している。一方、農耕地で収穫物を確保するためには大量の水が必要だ。作物の生長因子としての水は収量と土壌の肥沃度に決定的に影響する。

ドイツでは年間の平均雨量がほぼ七〇〇㎜、つまり一m^2当たりで七〇〇ℓであり、ha当たりにすると七〇〇〇tになる。ムギ類はたった一kgの乾物生産に対して平均ほぼ四〇〇kgの水が必要となる。ha当たり五〇〇〇kgの穀物と六〇〇〇kgのワラ、つまり一万一〇〇〇kgのムギの植物体はha当たり四四〇〇tの蒸散水を必要とする。

この数字は年間全雨量の六五%、四五五㎜に当たる。ここで考えなければならないのは、七〇〇㎜の年間雨量のうち、生産には使われない土壌での蒸発量の二五〇㎜が失われていくので、残りの四五〇㎜、つまり四五〇〇tの雨水がha当たりで利用されうる量であることだ。

ベーマーの計算によると、穀物の収穫に必要とみられる水の量は穀物の長くもない生育期間(三月中旬から七月中旬にかけての一六—一七週間)の間に降ってくれるのではない。計算から見えてくるのは、雨の多い四月、五月は別として、穀物の成育期間には、かなりの量の水分の不足が存在することである。結果として、貴重な雨水を地中に蓄えるために必要なことはできるだけ実行するということになる。とりわけ、春先、一月から三月の手ごわい乾燥期に耐えていくためには、冬場の水分に大きく注目しなければならない。実際に農業をやってきた者は、土壌湿度を保つために土壌生物学的手段を身につけている。つまり、例えば現在でも、穀物の穂を刈りとったあと、土壌の水分と、水を含んだ熟土を残すために、ムギの株を手早く、その場に倒すのが普通となっている。数日間、天気が良く、太陽が照ると土壌の柔らかさは完全に消えてしまうことがあるからだ。また、間作としての深根性作物、たいていはマメ科(チッ素を固定する!)やアブラナは下層土をやわらかくするし、その根は水分のあるところに分布しており、植物体は地面をおおい、水分を含んだみごとな熟土をあとに残す。

何よりも大切なことだが、私たちの畑の土の構造低下を阻止することが必要である。構造を失った土壌は腐植が欠乏しているのが普通であり、土壌生物も貧しい。こんな土壌は雨水を受け止め蓄えることができない。雨に「ぬれる」ことさえないことがある。腐植が不足した土壌は水分を保持する能力を持たない。とりわけ、水分の保持にきわめて大切なミミズの穴さえろくにない場合がある。個々の団粒構造（生命構造体）が、作物の全成育期間（播種から収穫まで）にわたって維持され、土が固結したり、どろどろになったりしないものだけを真の熟土と呼ぶことができる。

2　水は大地の生命をはぐくむ素材で一番大切なもの

水は大地の生命をはぐくむ素材のうちでも一番大切なものである。地球的な規模での水循環は人間の身体の中の血液循環と似ている。

水文学者、気象学者、生態学者はみな、次の二〇年には深刻な水不足が起こることを警告している。水の問題はあらゆる政治問題よりも多くのことを問いかけてくれる。実際、アメリカの広大な領域が人の住めない場所になっていることは、私たちが証人である。

ドイツでも過去において、治水問題で重大な失敗をしている。とりわけ独自の動植物の生態を持つ湿地帯の排水、またとりわけ大小の河川の直線化のための河川改修などである。その結果、水の流れが速くなったし、さらには川床がえぐられて深くなった。ライン川では最大一〇mも下がったところがある！　ライン川の水位の低下に伴って地下水位も低くなった。それらが引き起こす結果として、長く続いた川辺の森と果樹園が荒廃した。それらは荒れた草地と茨の茂みとなり、やがては乾燥した荒れ地に変わっていく。壊された大地を自然保護区にゆだねようとしても、そこにはやがて保護されるべきものがなくなるだろう。それにもかかわらず、排水工事は日毎に進められ、かくて世界中、何もかもが変わっていくのだ。

3　洪水は起こるべくして起こるのか？

小さな失敗の連続と大きな失策がいくつか重なって、ひどい洪水の原因となる。これはかつて一〇年間にわたってライン川の隣接地と支流を襲ったことである。ある報告によると、「多くの市民が小川や小さな流れの近くで住宅建築を予定しており、水域は狭い流れに押し込められていた。また景観の「修正」だとか耕地整備、さらには氾濫原に工業地域を建設する予定があるという話もある！」

一九五五年から七七年にかけてのオーバーラインの拡張工事、また可動堰（ローリングダム）が建設され、その結果としてバーゼルとカールスルーエの間の潮の干満の流れの速さが、かつては六五時間だったものが、現在は三〇時間を要するだけになった。これによってネカー川やマインツ川の水はライン川の満潮時としばしば重なることになった。今や満潮時には今世紀最大の洪水が起こる危険がある。

フライジングの周辺では、この二〇年間に地下水位は二mから十一mに低下した。もし地下水位が今後ともいたる所で低下するとしたら、何が起こるだろう？　シュワルツワルトでは一九四五年以来の伐採の結果、六七二の泉が涸れ上がった。同じような例は国のあるゆる地域で報告されている。

4　洪水と降水量との関係

洪水は増加傾向にあり、降雨量は減少傾向にある。専門家がこの状況を見ると、それは大きな警告である！　つまり、降水量に対して洪水が増加する傾向にあることは、この国の土壌が保水力を失いつつあるという悪い知らせを意味するのだ。景観も荒れていくのが眼に見えている。この国の畑は水を「飲み込む」ことを忘れてしまい、健全な土壌よりも洪水のほうを増加させていることになる。

生垣（いけがき）のことも忘れてはならない。かつてヘルマン・レンスが正当にも言ったことだが、生垣は森林の小さな兄弟であるからだ。ロシヤの研究機関の報告によると、生垣で保護された畑は穀物の収量がかなり高いという。

「土と水」との関係について、まだたくさんのことが語られるべきである。例えば、腐植の不足した土壌は水収支について、さまざまな問題を提供している。一方、さしあたっての大きな心配は、あらゆる水域での硝酸態チッ素の高い濃度の問題がある。耕地や森林における無機肥料、とくに合成チッ素肥料ばかりでなく、無処理の家畜糞尿のような有機肥料も地下水を汚染している。法律による規定によれば、一ℓの水について九〇mgまでの硝酸塩が許容されている。欧州基準では五〇mgである。しかし、この基準もなおあまりに高い数値である。

ここでもう一度、土壌中の腐植の持つきわめて大きな意義を考えてみたい。農業の現場での次の二つの土壌の比較が示すものは、地下水の硝酸塩蓄積について、土壌の腐植の量だけでなく、団粒構造、言い換えれば土壌構造が果たす役割である。

ケースA　九〇cmの深さまで熟土構造、および団粒構造が存在する最良の土壌。
ケースB　腐植が不足しており、スキ起こしによって団粒構造が傷ついた土壌。
（この二種類の土は隣りあって存在していた。）

硝酸態チッ素および微量元素の測定には根の近くの土壌溶液を小型真空ポンプで吸引採取し、実験室で分析した。その結果、ケースＡの土壌では地下二五㎝までの土壌溶液には硝酸が検出されたが、三〇－九〇㎝の層では検出されず、九〇㎝層には地下水が一定方向に流れていたが、ここも硝酸塩は検出できなかった。これに対して、ケースＢの土壌では、どの測定層でも硝酸塩が検出された。

以上の具体的な例がはっきりと、また説得力を持って示したことは、次のことである。土壌中の腐植層に存在する数百万の微生物が腐植をフィルターとして濾過と吸着の働きをし、硝酸塩などを植物の栄養として固定し、地下水には流出させない。

これに対して腐植の不足している土壌は、構造が障害を受け、微生物も少なく、吸着と濾過活性が弱まっており、硝酸態チッ素はとどまることなく地下水層に浸み出ていくものと考える。

第六章　ミミズと土壌の肥沃性

1　一六〇〇年代から養殖されていたミミズ

一六世紀頃、ドイツ語を話す地方の人々はミミズを単に「ピチピチ跳ねる虫」(rege Wurm)と呼んでいた。その後、この「跳ねる」と「虫」を意味する言葉が合体して「Regenwurm」(ミミズ)となったが、言葉の前半は雨をも意味する。この名称はあまり意味のないものだが、ミミズは雨のあと日光を避けることは事実である。太陽光はミミズの赤い血液細胞を傷つける有害なものだ。

一六八七年に書かれた古い文書によると、中世にはすでにミミズの養殖が行われていたという。それによると、ニワトリを飼育するとき、穀物を節約するためにミミズを養殖していた。「浅い穴を掘り、底に細切したライムギの藁を敷き、その上に新鮮な牛馬糞をまき土をかける。

さらにその上から牛の糞尿をまき、またブドウの絞り滓、エンバクやコムギのフスマをふりかけ、十分に混和する。この穴には短い期間におどろくほどの数のミミズが発生する。このミミズを適宜、ニワトリに与えるがよい。」

ミミズを科学的に研究しはじめたのは、はるか後のことである。ミミズの最初の研究者はチャールズ・ダーウィンで、一八三七年にロンドン地質学協会で講演し、耕地土壌の形成にミミズが果たす大きな役割を指摘した。

ダーウィンは一八八一年、『ミミズの活動による腐植の形成』を出版した。その中でダーウィンは書いている。「土の歴史のなかで、こんなに大きな働きをしている下等動物がほかにいるかどうかは疑わしい。」

しかし、ダーウィンに先立つ一六世紀に、イギリスの博物学者、ギルバート・ホワイトは書いている。

「もしミミズがいなくなったら、大地はまもなく冷え冷えとして硬く、表土のない不毛の場所になってしまうだろう。」

ミミズは全世界に分布していて、最も遠く離れた島々にも住んでいる。人の手によって耕されたことのない土地にもミミズがいる理由は、他の場所でミミズをついばんだ鳥たちが、ミミズと一緒にその卵包をのみ込み、それがそのまま糞の中にでてくるからである。

近年、世界各国で多くの研究者がミミズに注目しはじめていて、科学的研究も報告されている。発見された驚くべき研究成果は農業に従事する人々の関心を呼んだだけでなく、生物学者、地質学者、環境科学者らの注意をも引きつけている。ところが、現在、農業で主として使われている化学物質（合成肥料、殺菌・殺虫剤など）は、ミミズを一掃する作用がある。すでにミミズというものが全く死に絶えた耕地もある。

2　ミミズとその生物系中の位置

ドイツの土に住むミミズは例外なしに、Lumbricid 科に属する環形動物の一種である。動物学者は環形動物を三つの綱に分類する。

—多毛類（ゴカイ類）
—貧毛類（ミミズ類）
—ヒル形類

ドイツのミミズは陸上動物である。よく観察すると、高度に発達した形態をしている。ドイツでもっとも知られているミミズの種は三つある。

—Eisenia foetida（厩肥ミミズとも言われる。主に厩肥と堆肥の中で生活する。シマミミズ）

—Allolobophora (longa) およびその下種。
—Lumbricus (terrestris) とその下種。

ドイツには約三三種のミミズがいる（グラフによる）。土着ミミズの大きさは一一cmから三〇cmである。熱帯地方では七〇cmに達する巨大ミミズがいる。二一mのものもある。こうなると太さは親指ぐらいにもなる。

3 ミミズの身体

ミミズは主に土を食べるが、その土中には微生物（細菌、糸状菌）が含まれる。またしばしば朽ちた有機物をも食べる。ミミズはものを噛んで食べることはしない。ただのみ込むだけである。また眼も耳もないが、鋭敏な触覚を持っている。

ミミズの体は縦に並んだ多数の輪によって体節と呼ばれる部分に区分される。これらの輪は剛毛がついており、前進後退を行うことができる。最前部の輪には口が開けており、最後の輪は腸の末端、つまり肛門である。口は喉につらなり、それに続いて食道が開いている。食道の後半部には石灰腺が開いている。その役割は石灰を放出して、食物として取り入れた土が含む腐植酸を中和することである。石灰は塩基と酸のバランスをとるわけだ。

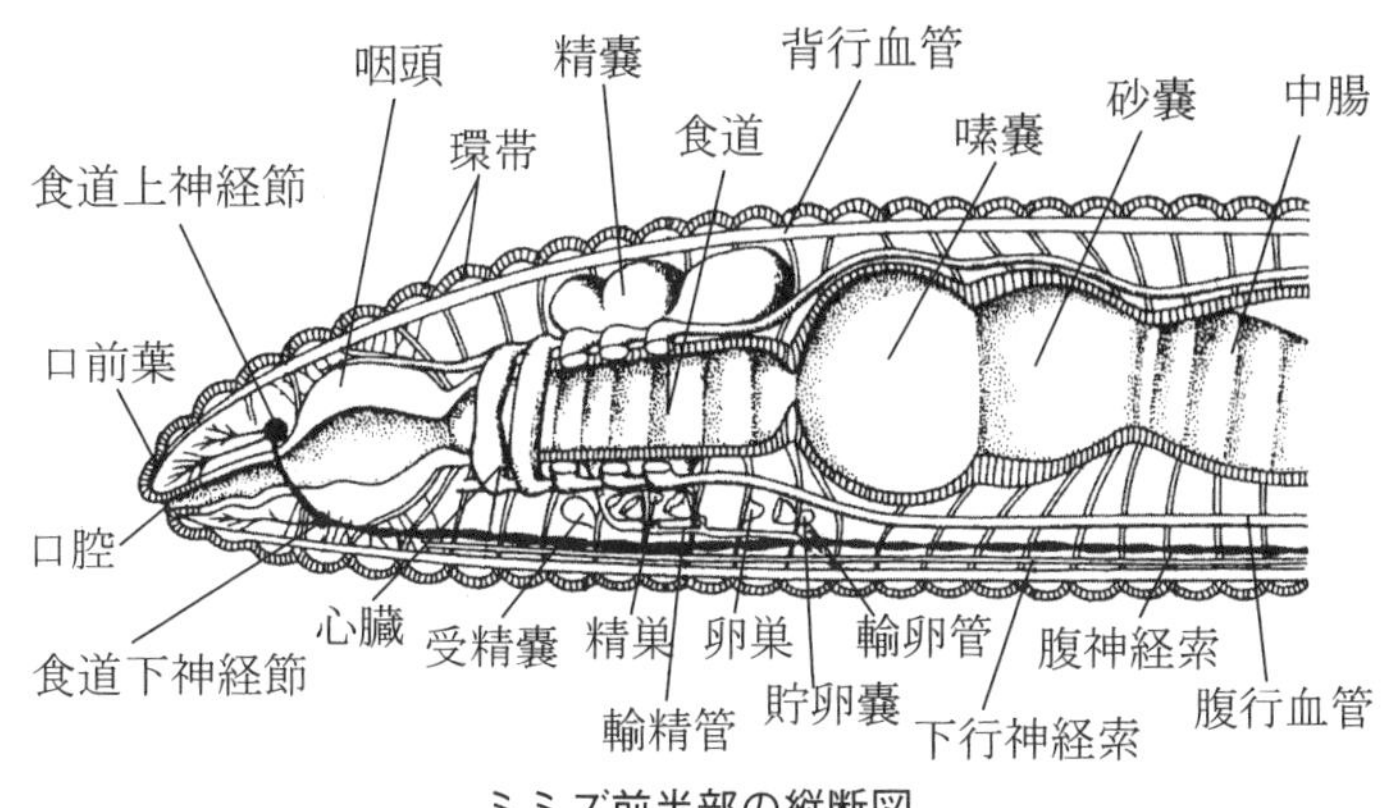

ミミズ前半部の縦断図

食道は肥大した嗉囊につながっている。これはまた、いわゆる筋肉胃と呼ばれる特殊な腸の一部分に続いており、この内側は、ほかの消化器官とは大きく異なる腸筋肉組織が発達している。この筋肉胃のところではじめて腸の本来の消化器部分がはじまる。ここで土と一緒に飲み込まれ分解された状態の動物質と植物質の材料の食物としての仕上げが起こる。消化されなかった土は、他の材料とともに身体の末端部にある肛門から、いわゆるミミズの糞として排泄されることになる。

フランセはミミズの排泄物を「糞からつくられた腐植」と呼んだ。ミミズの腐植は、この地球の上に存在する腐植のうちでも最良のものに属する。

ミミズの血液循環は、心臓に似た器官によって営まれる。若いミミズで、これを簡単に見分けることができる。また神経組織は、脳と一対の神経索からできている。触角器官は全身に広がっている。眼はないが、光の刺激を感じとることができる。またミミズは雌雄同体であり、同一の身体に雄性生殖腺と卵巣がある。繁殖は複雑に交互に精子細胞を交換して行われ、その場合、両方が雄であり雌であるように行動する。

たいていの種では交接は土中で行われるが、Lumbricus terrestris 種だけは地上で行うのが見られている（写真参照、第五図カラー）。

ミミズの発育は、輪状に肥厚した、いわゆる繭（マユ）の中で行われる。その中で、ミミズの胚は発育をおえる。卵を包んだマユは地表に近いところに生み落とされるが、そこは必ず湿気のある場所である。ミミズの卵はしばしば堆肥の内部に見られる。

一―二㎜の大きさの卵は茶色、あるいは黄緑色をしており、肉眼で十分に見ることができる。ミミズ養殖業者は、年間に一匹の親から六〇〇匹ぐらいのミミズが生まれるとみている。一般的には、若いミミズはマユから三―四週間のうちに出てくる。

4　ミミズの生活相のさまざま

ミミズはたえず食べているが、食欲は旺盛とは言えない。湿度の高いことを好むが、ひどく湿っているところは避ける。

ミミズの生活は暗黒下で営まれる、もし光に直接当てられ続けると死ぬことになる。外界温度は一八—三〇度が好ましいとされる。

有機性廃棄物が、食べ物として必須である。以前はそう思われていたが、ミミズは食べた土の中の無機物を栄養にしているのではない。土の中に含まれる有機物が食べ物である。しかし、生きた植物や生きた根を食べ物にすることはない。朽ちたもの、腐ったものを食べるのである。腐りかけたタマネギ、ミカン、ポレー、いろいろの果物の屑、コーヒーの出し殻などは特に好まれる。

しかし、ミミズは土中の腐った有機物だけから栄養をとっているのではなく、何でも食べると考えてよい。土と一緒に有機物の中から常に動物性、植物性の小生物を生きた状態のままで摂取している。とりわけ細菌、藻類、菌糸、菌の胞子などである。

一つのイメージを描いてみると、その生命と行動力を保つために、ミミズは二四時間の間に、ほぼ自分の体重に匹敵するほどの量の食べ物を必要とするといえよう。一haの農地に百万匹のミミズ(Lumbricus terrestris)がいて、全重量が二〇〇〇kgであるとすると、毎日、二〇〇〇kgの食べ物を食べて生き、増殖していることになる。これはかなりの量である！　例えば、土の中で二〇〇〇kgのバイオマスが食べられる時、地上の一haの農地では一—二頭の牛、つまり八〇〇—一〇〇〇kgの体重のものが食物をとっている。このように考えると、肥沃な土壌の地中では地上のほとんど倍の生物が食べ物をとっていることになる。

その大きさで比較すると、ミミズは地球上の最強の動物とみなすことができる。何故ならミミズは自分の体重の五〇―六〇倍のものを動かすことができるからである。この筋肉の力を、体重一〇〇kgの運動選手にあてはめると、この選手は五〇〇〇kg、つまり五トンのものを動かさねばならないことになる。

触覚は非常に発達しており、それはミミズに触れてみた時によく分かる。また光にも反応する。もっとも敏感に感じ取るのは青色で、赤色には全く反応しない。晴れた日の昼の光からは逃げていくが、月の光やランタンのような弱い光にも反応する。

雨が長く続いた時には、ミミズはその穴から逃れて地表に出てくる。水の流れに阻害されることはないが、土の中にある水が酸素不足になってくると、窒息死しないように移動する。農業を営む人が繰り返して目にすることだが、畑や放牧地で、腐熟していない糞尿や厩肥がまかれると、大量のミミズがその場所を離れる。

日光が射してくるとミミズは地中に潜る。身体を保護するものを持たないミミズにとっては当然のことながら、生活行動については環境の影響を大きく受ける。ひどい低温、高温、乾燥のもとでは生きることは困難になる。不適当な条件のときには、地中深く、時には一m近くまで、大型のミミズでは二mまで潜る。生活条件が極端にきびしくなると、ミミズたちは塊になり、丸まってしまう。

シマミミズ(Eisenia foetida)は赤色の小型のミミズだが、堆肥や厩肥の中では食べ物が十分にあり、居心地がよいと感じて長くとどまることが知られている。

ミミズが鳴くことができるのは、あまり知られていない。その音の高さはさまざまだが、ピチャ、ピチャという音で、四mほど離れていても聞こえるという。堆肥の大きな山の近くでは、人がものを言いあっているように聞こえるとウイルマン氏が報告している。数千匹のミミズが食物を食べている音であり、ミツバチの巣箱に耳をあてた時のようであると書いている。どうして音がでるのかは今のところ科学的には全く分かっていない。

5　耕地のミミズ

堆肥や厩肥を堆積する場合、その腐熟がミミズを添加することによって早められることは確かだが、温度が三〇度以下になっていることが必要だ。より高温ではミミズが死ぬことがある。堆厩肥の堆積の中にはミミズにとって理想的な食物があるが、それをすぐに畑地に移してはならない。畑地に適合して移住させるには、それにふさわしい条件がある。農地に「なじませる」ことに成功するためには、次のような条件を考えることが必要だ。

——土壌のpH値（石灰の状態）
——腐植含量
——熟土形成の程度
——水分容量

たえず収穫物を畑からとりだすと、それに伴って起こる腐植含量の低下が起こり、ある農地がミミズにとって不適当な生活空間となる。単にミミズを移植するのではなく、自然で有機的、かつ確実なやり方で畑地にミミズを増殖させるのが好ましい。それには、

——適当な輪作
——地表をコンポストや植物でマルチをすること
——岩石粉末を散布すること
——水溶性の塩類を肥料として用いず、土壌の腐敗を引き起こす心配のない厩肥や厩舎から出る液肥などをうすく散布すること。

6　肥料、農薬とミミズ

この表題で『バイエルン農業週報』の一九六八年八月号に有益な記事が載っている。

「ボンにあるディコプ大学付属農場での最近の研究によると、腐熟した厩肥と堆肥を散布した区ではミミズの糞塊が㎡当たり一・五―三・四kg／年に達したのに対し、散布していない区では〇・七―二kgであった。

硝安石灰と硝硫安を施用した農地ではたびたび地面に死んだミミズが発見された。アンモニアが生成したか、硫化水素が発生したのがミミズの死の原因であると考えられる。はっきりしているのは、購入肥料を与えたところでは、土壌の中にできていたミミズの生活共同体がショックを受け、ミミズの数が減ったと考えられる。これは石灰を大量に散布した農地でも認められた。もっともミミズが被害を受けたのは、未熟厩肥から出た汚水と、新鮮な厩舎からの排出液が土壌に散布された場合であった。さかんに生育している草地でのミミズの死亡率が特に高かった。さらに、有害な汚水と合成農薬によるミミズの死亡や病気の発生を見逃すことはできない。」

この報告以外にも、採草地でのコガネムシの化学的防除をしたあとのミミズの数は七五％も減少したとされている。

7　ミミズによる養分の可溶化

ミミズの腸の中では、のみこまれた土と有機物は分解される。ミミズの糞を繰り返し分析してみると、その周辺の土壌と比べて次のような養分の集積が見られた。
—硝酸は五倍になった
—リン酸は七倍になった
—カリは一一倍になった
—マグネシウムは二・五倍になった
—カルシウムは二倍になった

ミミズ自体が養分を生産するのではなくて、土と共にたべられた無機物と有機物が腸の中で可溶性の養分に変えられ、植物にとって可吸態のものになるのである。糞の水溶性の部分と無機物の混合物は植物の生長を促進する。

8　土壌の形成にとってのミミズの意義

土壌形成へのミミズの影響をいくら強調してもしすぎることはない。だから、農業にとっても大きな影響があるのは当然のことである。

一五世紀にはすでに土壌へのミミズの効果が知られていた。土壌の改善のために、はっきりとした意図を持って利用されていたのである。

その頃、シュッセンリート修道院はミミズの増殖では有名だった。当時、ミミズがどれほどの価値のあるものかが認識されていたことは、ミミズの優良系統がカトリックの領地にだけ分譲されていたことによっても分かる。これらの領地にあった農地はとりわけ地味が豊かであり、次のような言い伝えのきっかけとなっていた。「腐植が二〇cmより深い所はどこでもみなカトリックの領地だ。」

このことは、年間、ha当たりにして二五トン以上の腐植を生み出す力をミミズが持っていることを考えれば分かるだろう。

ミミズの活動は、その糞塊を計測することによって良く理解できる。ダーウィンが確かめたところによると、年間、ha当たり四五tの糞塊が土中から地表に運びあげられる。しかし、ダーウィンの研究はリービヒ学説の出現以前に行われたもので、当然のことながら、農薬を使わない、自然物によって施肥された庭園や農地で行われたものである。

ミミズは、さまざまな深さの下層土をたくさん表層に持ち上げる。この場合、ダーウィンの定義によれば、ミミズの腸管を通ってきて、成分が変わった土としての腐植が地表に運び上げられることになる。

優れた農業経営者のシュルツ・ルピッツはマメ科のルピナス（チッ素固定能がある）を緑肥として導入し、砂質土を改善したことで知られるが、耕土の健康維持のためにミミズが有益であることを認め、一八九一年、「ドイツ農業協会」の農耕部門の中にミミズの専門委員会を設立した。しかしまもなく、リービヒが導入した無機肥料の「進軍」が始まった。その時点から腐植の作用などは無視されるようになり、ミミズなどを相手にする人たちはあざけりの的となった。いや、現在にいたってもそうである！

北ドイツの耕地では年間、ha当たり三〇トンものミミズ糞が見られるという報告がある。それによれば一〇年たてば一五cmの表土がミミズの消化管を通ることになる。

わが国の気象条件下では、ミミズの糞土はせいぜい数cmになるにすぎないが、熱帯では八―一〇cmという塔状の糞土がみられる。スーダンからの報告によると、白ナイルの渓谷では一夜にしてha当たり五・五トンの糞土が放出されるという。ミミズの孔は植物の根の伸長にとって有益である。特に垂直方向に掘られたものは植物の根が二―三mの深さにまで達する時にきわめて有効である。時には地下水帯にまで達することがある。南ウラル地方のステップ地帯では、八mの深層(時には地下水の水位)にまでミミズの孔が認められる。

全体として見ると、ミミズの孔には二つの種類がある。一つは地表に近く、多くは水平方向に走っているもので、もう一つはしっかりとした構造で垂直に深い土層にまで達している。古代ギリシャの賢人、アリストテレスは、ミミズを「大地のはらわた」と呼んだ。現代でもミミズの働きを高く評価する農家は、「働きづめの坑夫」とか、「土掘り人」、「土をこなすもの」など呼ぶことがあり、場合によっては「土の中の牛」という人もある。先にも書いたように、地上で草をはむ牛の目方と地中で働くミミズの目方とは同じくらい、いや、ミミズのほうがそれ以上だと言うのだろう。あるいは、土の中でせっせと土をはむものという意味合いもあるかもしれない。ミミズはまた、「役にたつ動物」と呼ばれることもある。土を耕し、養分をすき込むことに励むからである。ミミズは農園や畑の最良の協力者であり、休むことなく働き、しかもどんな見返りも求めない。農業に欠かすことのできない「土の家畜」として、自給自足する農家によって高く評価されてきたのである。

ミミズがたくさんいる土は、土壌浸食に対する抵抗性が非常に強い。土をひっくり返し、ほぐす活動によって土壌の体積が増え、空気と水の分布がよくなる。

たくさんの研究によると、「試験土」にミミズを導入すると、土の水分保持力は一か月後に三五〇%も増える。それによって植物や樹木は強い根をはらせることになる。別の実験によると、森のナラの樹はミミズの導入によって三〇%も早く生長したという。

その他にも、土壌をほぐすミミズの活動により、好気性のバクテリヤが増加する。その結果、土の中の有機物の分解が進み、各種の有機酸の集積が阻止され、また腐敗が抑えられる。ミミズの腸の中で有機物の破片と無機物とが混合されることにより、すばらしい腐植粘土複合体が形成され、それによって糞土団粒は強い安定性を示すようになる。

クビエナによると、ミミズの出す有機物質の半分は腐植からできているという。ミミズの糞の炭素／チッ素比(C／N比)は一〇ぐらいだが、これは土壌動物の活動によって真正の腐植物質になる。

ミミズがかなり棲んでいる土壌では、その土壌構造の形成はうまくいく。引き続いて掘られる縦横の孔は空気の通る道であり、水分の流れを促す。春先にはミミズのいる土は他の土よりも乾くのがはやい。北ドイツの重い沼地性の土にとって、大小無数のミミズの孔は自然がつくってくれる排水設備としてたいへん重要だ。この地域では、しばしば三日間の間に一〇〇㎜の雨が降る場合があるのだから。

ミミズは生きている間に土の形成に役立つだけでなく、死んだあとも土壌の形成に良い働きをする。土中で死んだミミズの身体が分解したとき、かなりの量のチッ素化合物が放出される。年間、ha当たり、九〇―一〇〇㎏のチッ素の増加を見込む人もある。ミミズの多い土は、そうでない土に比べてチッ素が多いことが分かっている。このことは土壌分析によって繰り返し証明されている。

グラフの研究によると、ミミズの生体重は一㎡当たりで一〇〇―二〇〇g、腐植の多い土では四〇〇gにもなる。

腐植に富んだ土の中のミミズの孔の数はおどろくほど多く、一㎡当たり、二〇㎝の深さまでで六〇〇本にもなるという。そこには、一〇本の孔ごとに一匹のミミズが住んでいる。ha当たり六万匹、重さにして一・五トンにもなる。この二倍、さらには三倍の量も稀ではない。もちろん、土壌管理の仕方や腐植の含量によってm^2当たりのミミズの数は大きく違う。

良い熟土層を持った土壌にはm^2当たり二〇〇匹ほどのミミズが住んでいると考えられる。しかし、今日の「耕地」ではほとんどミミズを見ることはない。一つの畑に、せいぜい二、三匹といったところだろうか。

もちろん、土壌の肥沃度にはミミズだけが関わっているわけではない。畑は一つの非常に活発な共生の場であり、極微の生物の無数の集団による生命共同体である。このことは、とりわけ小型のヒメミミズ科(Enchytraeidae)のミミズにあてはまる。これは黄白色のごく小さいミミズで、長さ三cmほどであり、落葉層や表土に生きている。砂壌土や腐植土壌ではm^2当たり一五万匹にもなることがある。朽ちた葉の上の細菌や原生動物が出す粘質の被膜物、花粉、他の土壌動物からの排出物などを食べて生きており、また植物に寄生するネマトーダも食べる。この類のミミズの排出物もやはり腐植を形成するのに一役かっている。

一九三七年のある報告書は書いている。アメリカのミシシッピー河下流地帯をおそった洪水による被害で、「この肥沃な大地で、広く長く続いた洪水による最大の災害はミミズの死滅だろう。なぜなら、これによって長期にわたって土地の肥沃度が失われたからである。」と。

オランダで堤防をこえて広範囲に海水が侵入した災害は、世界の注目を集めたが、その後、アメリカは損害を受けた農地の再建のために、トン単位の大量のミミズを救援物資として提供した。

9 ミミズと堆肥

グラフの報告によれば、わが国の農耕地でのミミズの種類はたった四種であるのに対して、草地では二六種、森林で三〇種ほどである。一方、堆肥の中では、主としてシマミミズが見られ、そのほかの種はほとんどいない。

有機性の残滓に牛糞を加え、さらに岩石粉末、海藻石灰、ベントナイト粉末を散布した堆肥の中では、このシマミミズの増加はまさに爆発的で、一度、この小さな自然の驚異を見たものは、それを二度と忘れることはないだろう。

このような堆肥をつくってからまもなく、周辺から移動してきたミミズはそこで自分の仕事をはじめるが、堆肥の中の有機物がすっかり分解されるとミミズはそこから去っていく。堆肥を切り返す必要はもはやない。

一九五〇年に経営をミミズによる堆肥生産農業に転換したある農場の経営者は次のような報

告をしている。仕上がった堆肥の中には、生体重で六―八％のミミズを計測したが、一立方メートルの堆肥（八〇〇kg）につき、四八―六四kgのミミズである。

このシマミミズが増殖された堆肥から、農場主は、かなりひどい耳の皮膚病にかかっていた若い豚に、毎日、バケツ一杯の添加飼料として、豊富なミミズを含む堆肥を与えた。豚はその飼料を残らず平らげた。豚の病気はまもなく治ったという。

『ミミズと植物の健康』という研究の中で、スパンゲナルは次のように書いている。「ミミズ以外の土壌動物の働きとあいまって、ミミズと、その糞の中で増殖する微生物によって土壌中の抗生物質が活性化されるのが見られ、病害によって被害を受けていた作物が再び健康になることができた。」

アメリカの有名な農業経営者、ジョージ・シェフィールド・オリヴァーの考え方は、その方面ではよく知られている。彼は七〇haの平坦な農地を持っていたが、その考え方による経営の核心はミミズによる堆肥の製造であった。良い環境条件のもとで、十分な養分を与えれた数種のミミズの数は、一㎥の堆肥について六万匹以上であった。これだけの数になると、堆肥の山はほぼ一か月で完全に腐熟する。

この農場の畑と放牧地には決して生の厩肥を使わず、いつも完熟したミミズ堆肥を使用した。六〇年以上も、この農場では凶作というものがなかった。その耕地でのミミズの数は四〇aについて一〇〇万匹以上で、これは一㎡にすると二五〇匹となり、一ha当たりでは二五〇万匹である！　しかし、クローバーとムギという輪作体系は重要視された。第一作は干し草として倉庫におさめ、そのあとは放牧され、最後の作は緑肥として土にすき込まれる。こんな風にして各区画は数か月は緑地とされ、完全に放置され、ミミズはこの期間は妨げられることなく土を「耕す」ことができる。

報告者は確信を持って、もし農地に救いがあるとすれば、その時はミミズの導入が一番重要な課題であると述べている。

私たちの機関誌、『土と健康』の一九六四年の「土壌生物学と土壌水分」という記事で私は「堆肥とミミズ」について書いた。その要約を紹介したい。「二つの隣りあった土性の似たA、Bのビート畑があった。Aの畑はスキ診断によると、スキ床が硬くなっていて団粒構造の形成がうまくいっていなかったが、見た目は良い印象であり、種子はうまく発芽した。Bの畑はスキ床はできておらず、浅耕プラウを使って表層を軽く耕したが、それ以外は土を柔らかくするような耕耘がされ、よく腐熟した厩肥が浅くすき込まれた。その土にはミミズが多く、団粒構造ができ上がっていた。発芽した幼植物はAの畑と比べて鮮やかな淡緑色（チッ素肥料による暗緑色ではない）だった。」

「ある日、雷雨が通り、両方の畑は水につかってしまった。Bの畑では、その半日後には畑仕事ができ、雨水はスポンジのような腐植に吸い取られ、多数のミミズの孔を通って流れさった。Aの畑の農家は、翌日、畑に踏み入ろうとして眼を疑った。一歩も踏み出すことができなかったからである。三日後にやっと少しばかりの仕事ができた。貴重な雨水は太陽と風によって吹きはらわれ、地表は硬くなって作物は酸素欠乏に苦しみ、その後の収穫は満足のいくものではなかった。ビートのほかに、ライムギとコムギも収穫の直前にひどい雨にたたかれ、立っている茎がほとんどないほどになった。この〝水にたたられた〟農家は、その同じ年のうちに、この事から結論を出した。この地方の農家の多くもそうだったが、喜ばしいことに、今までの化学肥料による営農から腐植農へと転換し、いずれも『腐植農家』になったのである。」

10　ミミズ堆肥による施肥

一九五〇年代のはじめの頃の興味ある実験のことを話したい。よく手入れされ、数知れない位のミミズによって耕された堆肥から、必要に応じて一部分がふるい出された。

ドリル蒔き(筋蒔き)機械に堆肥を入れた箱がとりつけられた。ムギ類とナタネの播種のとき、同時にごく少量の堆肥の濃縮乾燥物がつまみ肥えとして播種溝にまかれた。若い植物の根が出たところに、即効性の養分が与えられたことになる。秋蒔きのムギ類とナタネはしばしば霜害を受けるのだが、この堆肥によって完全に保護された。つまり、はっきりとした抵抗力と収量増加が認められたのである。

しめくくりとして、土壌生物学の大御所として尊敬されたカール・シュテルワーク（一八七三―一九六三）のことを書きそえたい。彼は今日もなおミミズ堆肥の支持者たちにとっての偉大な指導者である。いくつかの重要な言葉をとりまとめてみる。「土の中の生物たちはその独自の掟を持っている！　ここでは、化学に関わりあうと、決まったようにうまくいかなくなるのだ。化学物質で処理された畑は腐植の含量がひどく少なく、養分が流亡しやすい状態になっており、また降る雨を保持する力も少なく、多量の雨水が地表を流れさる。もちろん、好ましいことではない！　数十年にわたって人々はミミズの崇拝者を冷笑してきた。だが私の農地はその豊かなミミズの生息によって乾期にも十分に耐えてきた。長い間の観察によって、地表を大量の水が流れると同時に、地下水位も下がっていくことは確かだと見ている。」

「ミミズが農薬をさけることはよく知られている。数百万匹のミミズが一 haのすぐれた耕地の中に住みついているが、そのミミズが居心地よく生き、増殖していくか、あるいは病気になり消えていくかということは、断じてどうでもよいことではない。ミュラーによると腐植の豊かな一 haの耕地に住むミミズは百万、あるいはそれ以上のミミズの孔をつくり出すという。この多数の孔はスポンジのように雨水を吸いとっていることは自明の理である。しかし、ミミズは有機的に営まれている土壌にだけ、こんなに多数、住みついているのである。土の無機的組成については問うことはしない。それは道を外れるだけである。ミミズの無数の孔が道を教えてくれるのだ。どれだけ度々（たびたび）、ミミズの糞土の状態に従って輪作のやり方を決めたことだろう。そこには間違えるということがないのだから。土の中には多数のミミズの孔があり、地表はこのすばらしい孔掘り人たちが出すものによっておおわれている。そうなれば万事が順調に進むのだ！　無機物のバランスがとれていなくても土の肥沃度を決定してくれるのは土の中の生物たちなのである。」

カール・シュテルワーク自身の言葉をたくさん書きつらねた。一九四四年、彼との対話の中で、彼は自分の「土壌分析」のやり方を説明してくれた。「スキの後ろについて行きながら、ミミズの数を数えることにしている。一〇歩、歩く間に七、八〇匹のミミズが見つかるなら、ムギであろうが中耕作物であろうが、それが最善の土壌分析の結果といえよう。」

11　ミミズと熟土

そもそも真の熟土とは何か、それはどうして生じるのか、その機能とはどんなものか、などが分かったとき、ミミズが熟土の構築と維持に決定的な役割を果たしていることを理解するようになるだろう。どんな自然現象でも同じことだが、この場合でも土壌の中で進行することを全体として観察し、判断しなければならない。

熟土構造は土壌構造の中の骨組みであり、そこでの物質循環の中で大切な役割を果たしている。外的に見るなら、熟土は柔らかく、弾力性を持ち、ふんわりとしている。

安定した団粒は水が土を固結させるのを防ぐが、それは生物がたくさんいる土壌の中でだけ起こるもので、土壌小動物、微生物などが粘質物、菌糸体、菌糸などによって土壌粒子を生き物の橋と鎖によって結びあわせ、それによって全構造にしっかりとした形と弾力性を与える。

こんな過程をセケラは「団粒構造の生きた骨組み」と呼んだ。もしもミミズやその他の土壌動物に食べ物が不足すると、この生きた骨組みは崩れ、団粒の安定構造も消えていく。先にも書いたように、ミミズによる土の堀返しによってできた隙間や孔隙は熟土構造帯の空気の流入やガス代謝に役立っている。最終的には、通導組織(ミミズの孔や通路)によって強い雨は受けとめられ、スポンジのように吸い取られるようになる。またミミズの糞土は安定した熟土の維持のために役立つ。

これに反して、耕耘のための機械によってつくられた人為的な熟土(いわゆる見掛けの熟土)では、その孔隙は数回の雨によって壊され、地面の土は混じり合い固結し、熟土構造は破壊される。

12　ミミズはエネルギーの節約に役立つ

構造が壊れた土壌には腐植が少なく、自然の熟土構造がなく、土壌生物が乏しい。収量は無機肥料を投入することによって手に入る。投入されたものの多くの部分、主として肥料は、硫酸根と塩素を含んでいるが、それによって大切な土壌の微細粒子、つまりコロイドはひどい損害を受ける。こんな土壌は養分のバランスが崩れており、孔隙量が少なく、土壌の硬化が起こり、すぐに乾燥するようになる。

自分自身で経験することになるのだが、大型の機械を導入し、エネルギーを使って、この熟土のなくなった土壌を耕すことがいかに困難でコストを要するかが分かるだろう。一方、生態的に営農された畑地では全く違った状態が支配している。そこでは、腐植の含量、土壌生物の多さ、熟土構造の状態、水分状況などがみごとに整っていて、地中に孔をうがち、土の通気を良くするミミズなどの土壌生物も豊かである。こんな土壌のもとでは機械による土壌の耕耘も牽引のための力が少なくてすみ、それに伴って化石燃料の使用も減る。農地における私たちの最善の助力者であるミミズを含む土壌動物は、つまりエネルギーの節約に大いに貢献していることになる。

第七章　腐敗と腐熟
――全く異なる二つのこと

有機残滓を腐植に変化させ、適切に利用するためには、次の二つの基本的な概念、つまり腐敗と腐熟を正しく理解することが前提となる。

腐敗は酸素なしで、つまり嫌気的状態のもとで起こる。これに対して腐熟は酸素が十分にあること、つまり好気的な状態のもとで起こる。

1　腐敗は巨大な損失を引き起こす

農業で、有機物の不適切な処理によって引き起こされる腐敗過程は、広い範囲での国家的な資源の損失を引き起こす。これから述べるように、腐敗と腐熟とをきちんと定義し、それが土壌と植物にどんな影響を与えるかを解明することはきわめて重要である。

腐敗はどうして起こるか？

腐敗は腐熟とは異なり、かならず酸素が欠乏している状態のときに起こるもので、つまり嫌気的なプロセスである。腐敗している有機物は嫌な匂いのガス、とりわけ硫化水素とアンモニアを発散する。また匂いはしないが、メタンを揮発させる。これらはみな嫌気性微生物による代謝物である。だから腐敗は、この種の細菌によって変化させられた産物であるが、特にチッ素を含むタンパク質が主体となる。この過程は有毒なフェノール化合物を発生することがある。

腐敗は、とりわけ「害虫」の発生を促す

腐敗している有機物の分解物、たとえばインドールやスカトールは糞便の臭いのもとであり、昆虫を引きつけ、卵を生む場所となる。腐敗ガスは自然界での典型的な誘因物質である。アンモニアは血を吸う昆虫をひきつけ産卵を促す。腐敗によって生じる酪酸はコメツキムシの性誘因物質で、その幼虫はハリガネムシとして知られる。キャベツバエ、ニンジンバエ、タマネギバエは何よりも糞尿を施肥された作物を食害する。イエバエは腐敗しているものなら何でも卵を産みつけるが、とりわけ厩肥や糞尿を好む。

昆虫とその幼虫はほんとうに「害虫」なのだろうか？

堆肥を施されたジャガイモがジャガイモハムシの被害を受けず、健康な収穫物を生み出しているのに、その隣りの畑では食害を受けて葉がなくなっているのが見られた。

似たようなことを私は有名なタマネギ産地で見た。もう数十年もタマネギを栽培してきた農家たちは突然ひどい目にあうことになった。タマネギバエが収量を激減させたのだ。人々が畑に新鮮な未分解の厩肥をまいたのである。その厩肥は土中で腐敗の過程を経ており、その結果、タマネギバエは邪魔されることなく繁殖した。そのあと、腐植化した正しい堆肥をほどこすようになってはじめて、地中の循環は正常と調和をとりもどし、農家の人たちは悪夢から解放されたのである。

ここに問題がある。タマネギ、ニンジン、ダイコンなどのハエやジャガイモハムシは害を引き起こした真の原因であり、いわゆる「害虫」として農家を苦しめたのだろうか？　あるいは、これらの昆虫が損害を引き起こした真の原因ではなく、不適当な品種であったり、不適切な栽培が問題を引き起こしたのではなかろうか？

これらの昆虫の真の役割は、誤った養分を与えられた作物の状態をつきとめる警官であったのではなかろうか。言い換えれば、この損害を引き起こしたのは、「自然界の農業教師」たちではないのだろうか？　今にして思い知ることだが、これらの昆虫たちは自然の「清掃チーム」

なのである。必要なときには呼びだされ、役目が終わったときは自然が再び引き戻してくれるのである。

アメリカの昆虫学の教授、キャラハンは、その生涯にわたって昆虫の習性を研究した。彼の発見したことは、昆虫がその直接ふれる環境の中に起こるさまざまな出来事を実によく知覚するということだった。というのは、昆虫は電磁波のうちの赤外線域で、人間がレーダー、マイクロ波、電波によって交信するのと同じように、お互いに交信するからである。そのために昆虫はさまざまなアンテナを利用しており、そのアンテナは一つ一つが別々の感受性を備えている。この鋭敏で高感度の装置を使って、かなり離れた場所から食物やパートナーを見つけることができる。一九五〇年にキャラハンが発見したことだが、昆虫は昆虫同士で意思を疎通しあうだけでなく、また例えばトウモロコシやタマネギなどの植物とも関わりあい、また離れていく。だから、どこかに故障のあるトウモロコシの種子が、例えば赤外線のシグナルを送って昆虫に語りかけ、「ここにきて手をかしてくれ、私にはミネラルが不足している。もうやっていけない」などと〈言う〉ことがあっても驚くことはないのである。また、健全なトウモロコシは別の知らせを送り、「ここにはこないでくれ。ここは立ち入り禁止の場所だから」と言うだろう。

一つ確かなことがある。誤った施肥を受けた植物は病み、害虫におかされやすくなることである。こんな植物にはありとあらゆる病原体と害虫が押しかけ、多くの場合、完全にやられてしまう。病害虫がつく原因は誤った施肥だと認識せず、人は病原菌や害虫を病虫害の原因、悪しき敵であるとみなし、毒性の高い薬品を使って駆逐しようとする。だが結局は「病害虫」はいつも勝利者なのである！

人工的につくられた有毒な化学物質の分子は本来、自然界には存在しないものである。それを分解する酵素もないので、そんな物質がなくなることはない。

腐敗は土壌の肥沃性を損なう

土壌も腐敗によって障害を受ける。前世紀の農芸化学者たちは「腐敗は生長の母である」という考えだった。農業を営む人たちは、この考えを「匂う物は肥料になる」と説明した。しかし、正にその反対が真実である。地中に持ちこまれた腐敗しつつある有機物は、そこで腐敗を進める特定の植物相と動物相（例えば昆虫）によってだけ分解される。腐敗しつつある家畜の糞塊はしばしば数年間もそのままである。さらに分解が進んだ後ではじめて、その土壌に固有の、好ましい土壌生物がその有機物の分解に参加してくれる。しかし、土壌中の微生物のバランスがふたたび恢復するのには長い時間がかかるだろう。

不都合な結果を生みだす腐敗のもう一つ別の実例が広く知られている。早春または秋口に南ドイツをこえてスイスへと旅行する人が鼻をつくような悪臭を経験しなかったことは一度もないだろう。これは、その地方の農家が自分の牧草地に家畜の尿肥を肥料として散布しているからである。厩舎からでる糞尿液を保管している間に起こる腐敗過程によって引き起こされる悪臭が原因なのである。

しかし、それに対して別のやり方もあるし、そのことを教えてくれる有能な農場主もいる。彼らは臭いが少ないどころか、全く臭わない糞尿液を調製するすべを完成している。その処方箋は、これらの糞尿液を貯蔵する穴の中で「腐熟」させることである。腐熟(好気的)であって腐敗、あるいは発酵ではない。

言い回し上でも、文字上からも、「腐熟」はしばしば「発酵」と混同される。この両者の違いは次のようだ。発酵では有機物の分解は自由な酸素の出入りがない状態で起こる。腐熟の場合、十分な空気の供給のもとで、微生物による、とりわけタンパク質とその誘導体の酸化的分解をさす。

石灰に富んだ土壌では、腐敗はマンガンと硼素の欠乏を引き起こす。それに対して、酸性土壌の場合、銅、モリブデンの欠乏症状が起こりやすい。また腐敗が起こるとき、可溶性の鉄化合物は可溶性の土壌リン酸と共に酸性の化合物をつくり出し、これは、その後に続く酸素の供給により難溶性となる。

キャベツのネコブ病(ヘルニア)の拡大、またトウモロコシの黒穂病、さらにはコムギの立枯病は、腐敗しているものを肥料として与えると発生しやすい。食物連鎖の中で腐敗は人間や動物の腸内細菌の変性を引き起こす。団粒構造ができていない土や、踏み固められがちな土壌では、たやすく停滞した水分状態が起こり、その結果、腐敗が起こることになる。

ネマトーダの増加は腐敗によって引き起こされる。カブやジャガイモでのネマトーダの大量発生は収量を大きく低下させる。この小さな虫によって引き起こされる損害は数百haに及ぶことがある。

腐敗――家畜廃液の処理が引き起こすもの

農業の現場でふつうに行われている厩舎排出物の腐敗的処理の結果は、まず家畜の状態にはっきり現れてくる。この場合、普通の農耕地でも緑地（放牧・採草地）でもまったく同じことが起こる。慣行農業では化学肥料の投入が多く、農薬散布や補助剤の利用も大きく、この状況はますますひどくなっている。

どんな生物でも繁殖というものが最終の目標である。牛では土壌と飼料における養分の欠乏現象がまず繁殖器官にはっきりと見えてくる。繁殖機能の障害は「隠された」欠乏症状に現れてくる。この欠乏症状は極端な形で現れるが、営農上の障害のほうは、それよりも広範囲に現れる。統計によると、ドイツにおける牛は平均して六歳半になるかならずで、何らかの病気のために処分されるという。この年齢は正しく経営的に貢献をはじめる時期に当たる。

ベルギーの農家の一人、クーレンダールの報告によると、ラインランドでは、この一〇年の間に、不妊による乳牛の廃棄率は二六％から四二％に増加した！

ラインランドでの牛の平均寿命は四・八歳である。今までの営農の仕方の検討が迫られているといえよう。多頭飼育経営やその集約化については、今ここで触れる必要はないだろう。そのやり方が動物倫理上、非難すべきであるばかりか、結果として環境に負荷をかけ、家畜廃液処理の技術的システムも不十分となる。これらの経営から大きな悪臭問題も発生している。そこでは非常に過密な多頭飼育が行われるのが普通で、そこから排出される廃液を消化するには、きわめて狭い土地面積しかない。廃液の量と、それを処理できる農地の面積とがバランスを欠いているのである。

例えばニーダーザクセン州では、ドイツ中でもっとも高い密度の飼育が行われている。ニワトリの糞の量だけとってみても、一日で二〇〇〇tにもなる。それに加えて、数万頭の肥育牛と豚の糞尿がある。この地域に排出され糞尿はもはや農地に正しく還元されうる量ではない。それは感染症や地下水の急激な硝酸汚染を引き起こす危険をはらんでいる。また、あまりに多い畜産廃液は土壌生物、とりわけ価値あるミミズに大きな障害を与える。腐植の生成はもはやできなくなり、耕地は死ぬ。

慣行的な畜産廃液の農業上の処理

以前、旧来の家畜廃液の処理が広い農地、とりわけ山岳地帯に限定されて行われていた頃、家畜飼育から出る臭いは気にならなかった。それは「農村の健康な空気の匂い」であった。人口の集中してきた、特にドイツなどの先進国の人々、そして、その農村地帯で休暇をとったり、旅行をするたくさんの人々は、特に隣国のオーストリアやスイスなどにあてはまるが、畜産廃液からの臭いに感じやすくなり、それは昼も夜もストレスのきっかけをつくり出すようになった。

誰も、もはや「農村の健康な空気」について語る人はいなくなった。そして、この二〇年来、廃液の処理のためのさまざまな方法が考えだされた。例えば次のようなものである。

─消臭剤を使った化学的方法
─生物学的処理法(好気的、嫌気的)
─遠心分離法による機械的方法
─熱処理
─バイオガス生産による方法。
─酸素注入法

しかし、たいていの技術的処理はコストが大きく、稼働させるための費用がかかりすぎるので、実現させるのはひどくむずかしい。次には、特に家畜廃液の生物学的処理をとりあげたい。

家畜廃液処理の第一の目的は、廃液の貯蔵と持ち出しに当たっての臭気の低減、そしてチッ素成分の保存である。どんな方法であれ、以上の目的の達成のために行われるのである。さまざまなやり方の中のもっとも古くからの方法は臭気の発生を少しでも減らし、養分利用をより良くしようとするために、以前からあり、自然にそぐわない方法だが、廃液を多かれ少なかれ大量の水で薄めて散布することである。

そして、長年の観察からも、習慣上からも、太陽が照る日に散布すると水分が一気に蒸発し、同時にアンモニヤが揮発していくことが分かっているので、雨模様の曇った日を選び、湿った地面(草地)に水で薄めた廃液を振りまく方法が長い間、多くの農家で採用されている。しかし、この場合でも、無数のミミズが有毒な腐敗物質によって地中から追い出され、日中の光のもとで死んでいくことになる。

2　粘土鉱物の役割

粘土鉱物の存在によって起こる複雑な生化学的過程は非常に重要なので、簡単な説明ではあるが、その過程を理解することは有益だろう。粘土の中でも特に重要なのはモンモリロナイトで、アルミニウムとケイ素の化合物だとみなすことができる。モンモリロナイトは大きなイオン置換能を持ち、アルミニウム、鉄、亜鉛、銅と置換することができる。特にアルミニウムにはすべてのケイ素が対峙する。

モンモリロナイトは粘土鉱物の構成元素である。細かく砕かれた粒子は顕微鏡でみると結晶しており、いくつかの薄い層をなしている（「層状シート」）。畜産廃液の中では、この層状構造は膨れ、バラバラになっている。モンモリロナイトの、この膨張によって、アルミニウムやケイ素の層の間に微生物やその代謝産物（酵素、抗生物質、ビタミン、その他の作用物質）、水の分子、ミネラルやその他の分子が入り込む原因となり、これは「吸着」と呼ばれる。ここで微生物たちは好ましい生活条件を手にいれることになる。これによってはじめて畜産廃液の生物学的変換がはじまるのである。

3　腐敗と腐熟との大きな相違

リービヒは死んだ生物の分解を純粋に化学的プロセスだと考え、そこに微生物が関係することを否定し、空中の酸素が有機物と結びつき（酸化）、それをより簡単な構造のものに変化させると考えた。この変化をリービヒは「腐敗」と名づけた。今日では、この分解過程には酸素を好む細菌、糸状菌、酵母、放線菌、ミミズその他の土壌小生物が共同で関与していることが分かっている。リービヒが使った「腐敗」ということばはもう使われなくなっており、その代りに「腐熟」という言葉が酸化的過程の一つとして定着している。

規則的な順序を追って、完全な崩壊、つまり有機物、生きた物質がその無機的な成分にまで規則的に無機化するということはない。現在では、植物は最終的に無機イオンにまで分解された物質だけを吸収するのではなく、原形質という形態をも同じように吸収することが証明されている。今までも言ってきた「生きた物質の循環」が生じているのである。

「生きている」と考えられるものはやがてすべて崩壊するように見える。しかし、生命自体はそこですべて終わるのではなく、あらためてまた始まるのだ。

腐敗と腐熟の外観的で本質的な違いは、腐熟では刺すような臭いが出ないことであろう。蠅も昆虫もネズミもそれに惹かれることはない。

有機物の腐植化の段階で、すでに腐熟の作用メカニズムとして自然界で知られるかぎり最大の調節力が発揮され、酸化的影響のもとで、さまざまな病原体が無害となる。腐熟では二酸化炭素と良い匂いが放出される。その典型的なものとしては肥沃な土壌で放線菌がつくり出す匂い物質がある。また腐熟した堆肥が新鮮な森の土のような匂いがするのも、堆肥の腐熟の最後の段階で放線菌がだす匂いによるもので、腐熟した堆肥のたった一グラムの中に数百万の放線菌がみつかるのである。

有機物の分解では、そこに生じるアンモニアは腐熟の最初の段階ですばやくほかのものと結合する。アンモニアと硝石は放線菌のタンパク質の構成分となって菌糸の中で生物学的に固定され、菌糸が分解したあとは少しずつ植物のチッ素源として働く。そのため、チッ素の消耗は大幅に制限される。腐熟過程の間にチッ素は有機態へと変わっていくが、腐敗過程ではむしろ有機態から分離されていく。放線菌は強力な作用物質(抗生物質のペニシリン)の生産に関わるが、ビタミン類の生成にも関係する。この場合、まずビタミンBのグループ、次にビタミンAとビタミンD_2の前駆体が生じる。

放線菌と近縁の、酸素を好む酵母菌は、そのほかにも大量の酵素を生産する。これらの菌の分解によって生じる酵素はすぐには分解せず、植物によって吸収され、広範囲な結合経路を経て、土壌と人間、また人間の腸管を通じて作用し続ける。

腐熟の間に、有機物は、あらゆる土壌生物によって、同時に分解されるのではなく、次々と別の生物と強く関係しあう。有機物の分解は、生物学的なきまった段階を経て行われる。それは流れ作業的であり、一つの「生物学的連鎖反応」である。そこでは、それぞれの生物グループが有機物を、次の生物グループのためにあらかじめ消化し、同時にビタミンなどの作用物質を付加していく。

4 無機物素材も腐熟過程を経て可溶性となる

例えば厩肥の堆肥化では、腐熟過程で、土壌と厩肥に含まれているリン酸の大部分は、生物学的循環の中にとりこまれ、細菌、糸状菌、小動物の体の構成物となる。有機結合からふたたび開放されたリン酸は、無機質の土壌粒子に取り込まれたリン酸よりも、はるかに速く植物に利用される。厩肥や堆肥は、持続的に作用するチッ素やリン酸の濃縮物である。

土壌に重点をおいた農業で、経験が教えてくれることだが、リン鉱石を厩舎に散布すると、土壌に最良で持続的な形のリン酸が供給される。腐熟が進む厩肥の中では、リン酸の結晶はすぐに無数の微生物によって、無機態の結合から植物にたやすく吸収される有機態のリン酸へと変化する。このような条件下では、同じように確実なこととして、それぞれ固有の役割を持つ土壌生物の種類が豊かになり、個体数も多くなるだろう。そうなれば、最終産物である腐植はより安定し、価値を持ち、それが含む作用物質、ビタミン、酵素などが豊富となり、こんな土壌でつくられる作物はより価値あるものとなる。

5　腐熟と腐敗についての認識と結論

はっきりしていることがある。腐敗は有害であり、生命を傷つける。腐敗によって土壌の肥沃さは破壊される。植物はその生長を抑えられ、ごく簡単に「害虫」の寄生するところとなり、「害虫の加害」は、不健康な植物と不健全な土壌についての指標となる。収穫物は品質を低下させ、酸素供給の不十分な条件下での有機廃棄物の分解は「未熟腐植」を生成する。こんな腐植を私たちは「昆虫腐植」と呼んだりもする。腐敗が昆虫を呼び込むからである。腐熟過程は真の腐植の生成を促がし、土壌の肥沃度を高めるのに役立つ。腐熟過程は微量元素の働きを促し、養分の循環を良くする。腐熟は生命の法則に合致しており、環境を守り育てる。

締めくくりとして、よく知られたイギリスの農業経営者であり、農学研究者であったハワード卿の世界的に知られた名著『農業聖典』（一九四五）（訳注：巻末参考文献参照）の厩肥の扱い方についての意見を、もう一度、聴くことにしたい。

「厩肥はいつも疲れた土壌の恢復（かいふく）にとって、もっとも大切な材料の一つであるにもかかわらず、現在でも、その調製法は相も変わらず何ともみすぼらしい！　良く調製された厩肥の入手は欧州諸国の農業での一番の弱点である。数百年の間、この弱点は農業における基本的な欠陥だったのに、たくさんの観察者や研究者によって完全に見逃されてきた。」

ハワードの言葉のように、今日でも同じように数百年もの間、看過されてきた農業経営固有の肥料素材、厩舎からの排出液の処理は再検討されるべきものである。この液体肥料はまた、現在のような床に隙間をあけた厩舎飼育によってつくり出され、液肥のたまり場所で腐敗し続けている。

私たちは一刻も早く、厩舎排出肥料の取り扱いの基本的な改善に努めなければならない。それには、次のようなことに注目することが必要だ。

―厩舎排出液その他の有機物質の腐敗を防止すること。

―土壌の中での腐敗をなくすること。

―農業全体についての一切の腐敗を避け、有機質の廃棄物の腐熟に集中的に取り組むこと。

一方、この一九九〇年代から、有機的農業の支持者のたゆまない努力によって、いくつかの基本的な変化が起こりつつある。思考を変えていくという過程が少しずつ広がってきている。その含むところは、

―化学的毒物の時代から、「コンポストの時代」へ！

―物質的な考えから、ソフトな思考へ、さらには自然と生命にふさわしい思考へ。――最後に、嫌気的な関係から好気的な過程へ、腐敗から腐熟へ。

アレキサンダー・フォン・フンボルト（一七六九―一八五九）は、かつていみじくも言った。

「私たちドイツ人には、新しい認識を見極めるためには百年が必要だ」と。

つまり、再考するために五〇年、新しいことを実行し実現するために五〇年ということだろう。

第八章　腐熟過程の促進

1　有機農業の条件とそのために必要なこと

一般に行われている農業経営は、水溶性の合成肥料、化学的防除のための薬剤、その他のさまざまな化学物質を用い、また大半が海外から輸入された濃厚飼料に固執しているのに対して、有機的な農業経営はとりわけ次のことにもとづいている。

―水溶性の合成チッ素肥料を導入しない。

―病害や害虫、雑草の防除のために化学的防除剤を用いない。

―国外から輸入される濃厚飼料を使わない。そのためには、国内で産出または生産される飼料を活用する。

――岩石粉末や粘土鉱物を利用する。

――自分の経営体から出てくる肥料、例えば厩舎からの排出物を腐熟させたものを利用する。

有機農業の以上のような要求を満たすためには、自己完結した経営体内循環への道を貫徹すること、また厩舎からの排出物を嫌気的処理から好気的腐熟へと進めていくことがどうしても必要である。

2　自己完結した経営循環

一つの農業経営体の自己完結した循環とは、異種の物質が経営体の流れの中に挿入されないということである。

あらゆる種類の化学製品は大部分が毒物なのだし、合成による肥料と購入濃厚飼料から出てくる抗生物質は経営内の循環を乱すもとになる。また、例えば抗生物質を餌に混入して与えられた豚やニワトリの糞尿は、堆肥にしてはならないことを知るべきだ。というのは、活発な好気性微生物の働きは、抗生物質によって阻害されるからである。濃厚飼料を経由して抗生物質が厩舎の排出物液の中に出てくると、そこでもまた好気的な腐熟は起こらなくなる。

無臭の厩舎排出液を入手するための経営方法と、農場内に存在するあらゆる養分の保存は、上にあげたような自己完結した循環経営の原則が守られたときにだけ、確実に実現される。「何と分かりやすいことだろう！」ということになる。

「処方箋」なるものはない。というのは、それぞれの農業経営体はみな違う構造を持っているからだ。しかも、自分のところの厩舎排出液の取り扱いに問題を抱えている農家――そもそも問題のない農家などあるのだろうか？　――こそ、どうしたら悪循環から抜け出し、「排液改

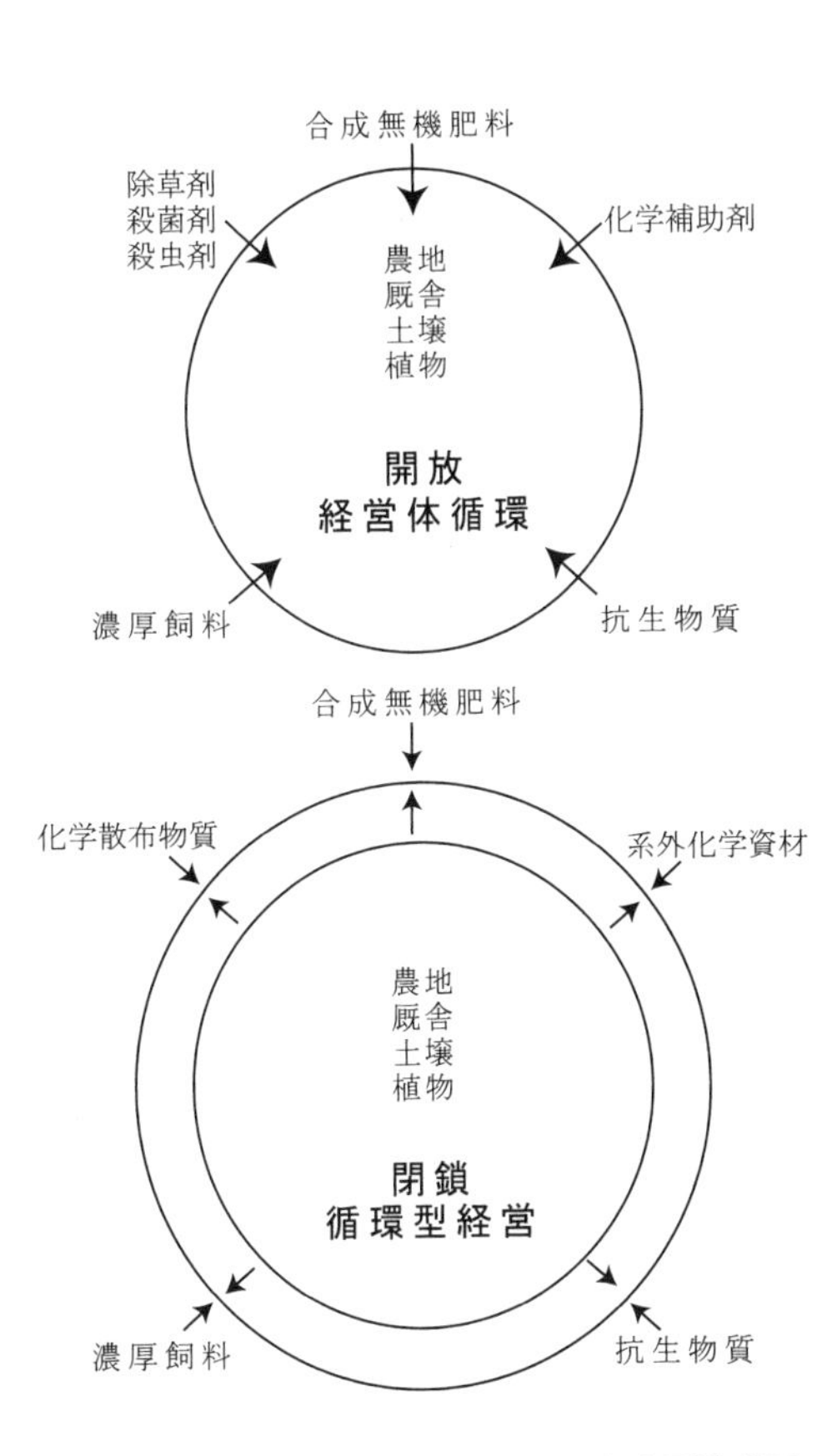

開放／閉鎖農業経営体における物質循環模式図

革」への手がかりを見つけることができるかを熟考するようになるに違いない。
腐熟排液をつくり出す有機農業的な経営方法は実現できるものであり、一つの挑戦であると考えることができる。簡単な方法で、資金も多く使わず、成果をあげている実例はたくさんある。
その結果として、
—家畜のすぐれた健康状態
—健康な植生の茂る、喜びをもたらす牧草地と採草地
—臭いの全くない、価値ある液肥の生産
—土壌に与えられた液肥の最適な効果
—ミミズと土壌微生物のための好ましい生活環境の成立

3 腐熟液肥が土壌、植物、動物に与える効果

以前に茂っていた厄介な排出液雑草、例えば、セリ科やキンポウゲ科の雑草などは消え、代わってキャラウェイ、バラモンジン、セージなどが現れる。これらはすべて薬草であり、以前はそれとして利用していたものである。

緑地の植生に対する腐熟液肥の作用は眼をみはるものがある。硬くて茎の長い草は見えなく

なり、代わってびっしり生えてくるのは地面をおおう柔らかい草である。

こんな草が提供する飼料は家畜にとって美味であり、その結果として健康を増進する。土壌の健康は疑いもなく家畜の健康となり、もちろん、人間の健康へとつながる。「家畜の健康は大地の健康だ。」という古い言葉がある。家畜は飼料となる放牧地の草を通して、不健康な土壌にすばやく反応する。つまり、それは、とりわけ乳牛のいくつかの特定の病気と関わっている。

家畜と人間は、あらゆる文明の進歩にもかかわらず、いつも植物界の産物に依存している。この自然の法則は聖書の中にもはっきりと書かれている。「すべての肉は草である。」と。

4　液肥への「通気」と、その利点

平坦地への人間の移住はとどまることなく続いている。農村地帯では数十年前にはまだ、ほとんどの人が農業を営んでいたが、地域の構造改善と都市からの移住によって、次第に多くの新移住者が狭い地域に住居を構えるようになった。その結果、以前は、「澄み切った田園の空気」が称賛されていたが、今や、農村地域の新住民たちは、厩舎と肥料溜め(だ)から出る臭いに敏感に反応するようになった。

家畜飼育から出る液肥の畑地への施用の主目標は、それに先立つ、臭いを減らすための液肥の処理に向かっている。この点では、液肥の「通気」は決定的な役割を果たすことになる。この通気のシステムには多くの選択が考えられ、それぞれの農家は、自分の状況に合った方法を自分で選び出すことになる。高価な装置がいつも最良で、最高の効率があるとはいえない。技術に通じた農家は液肥を撹拌し通気する装置として、もっとも効果的な機能を持ったものを自作している。その場合、要求される眼目としては、

—細かい気泡の通気

—液肥だまり全体の撹拌ができること

—液の表面に被膜ができないこと

厩肥からの液体を酸素で満たすことは、好気的で空中酸素を好む細菌種の生長と増殖を促進する。その呼吸活動によって、有機成分の変化が進行する。この時、有機物の一部分は二酸化炭素と水とに分解される。この過程は液肥の温度を高める。酸化的に「腐熟した」液肥はどんな悪臭も出さない。植物飼料で育つ家畜の尿により自然に生じたアルカリ反応は中和点に近づき、植物の細根組織の成長を抑制することもない。

自己完結した経営の循環の流れによって起こる積極的な作用は、「腐植ミル」(撹拌機)を生み出した。この装置がめざすのは、ドロリとした、活性のある粘土状の液肥コロイドをつくり出すことである。どんな他の添加物も、その代わりにはならないほどのものだ。

5　腐植ミル（撹拌機）

これは、中古のコンクリート・ミキサーを転用すればよい。ドラムの壁は、クリンカー（セメント皮膜）を張って、液肥と鉄がふれ合うのを防いでおく。ミキサーは厩肥槽のすぐ近くに設置する。ミキサーの中には、容量で三分の一の小粒の玉砂利、三分の一の水、そして三分の一の粘土質土壌、それに若干の腐熟した堆肥を加える。液肥を投入し、〇・五馬力のモーターを使って、正確に七五分間、ミキサーを回転させる。その間に液肥はコロイド液に変わり、その後、液肥槽の中に流し込まれ、すぐに撹拌される。

回転のはじめのうちは、「点検用器」の中の液肥粒子は底に沈んでいるが、七五分たった頃には、予定のコロイド溶液ができ上ってきて、粒子は沈殿することなく、乳濁液の中でコロイドとして浮遊する。

6　表面積増大の効果

コロイドは直径が一ミリの数千分の一から数百万分の一の細かな粒子の集合体だ。こんな小さく分かれた粒子の持つ巨大な表面積によって、強力なコロイド結合力がつくり出される。一つ一つの粒子の表面積は、他の物質をひきよせ、それをしっかりとつかまえ、吸着する。これはその表面が持つ力によるのだ！　表面積が大きくなればなるほど、引きつける力も強くなる。土壌中の養分の収支では、この「表面の持つ力」が重要な役割を果たす。

コロイドでは、とりわけ、生化学的転換が働いており、養分(アニオンとカチオン)の吸着が重要である。

まさに引きつけあう力として、腐植ミルの中で生成するコロイドの表面が持つ結合力の機能的作用を評価しなければならない。そのコロイドは一ミクロンの単位のもとで、一ℓの量の生成物について六〇〇〇m²という巨大な表面積をつくり出す。〇・一ミクロンの粒子の大きさのもので計算すると、じつに六万m²の総表面積となる。つくり出された液体肥料での、こんな巨大な表面積、つまり吸着力が働くとなると、想像するのもむずかしくなる。液肥の中に存在する養分、とりわけ、チッ素については、損失は全くなく、また有害物質が存在するとしても、すべて吸着されて無害なものになる。ここには科学の探求領域が残っている。液肥の有効化の、見たところ「神秘に包まれた」過程について私たちが知っていることはなおわずかだ。しかし、農地と緑地にまず現れてくる不思議なことは、土壌の肥沃さと、目に見える土壌の調和、そして土壌全体としての均衡である。言い換えれば、注意深く調製された、好気的腐熟による液肥

（腐植ミルによる）の働きは液肥槽の中だけでなく、土壌の中でも、その「生物的連鎖反応」の原理に従って、引き続き進行する。

放牧地と採草地の健康な状態と、そこに生きる家畜の良い健康状態は、「腐熟液肥」の高い価値と効果を証明するものだ。

「ポメオパシー（薬剤）」の領域との比較は的を射ている。つまり、ホメオパシー（類似療法）的に調製された薬剤では、表面積の拡大が本質的な役割をする。この場合、薬剤の「ポテンシャルを高める」という表現が行われる。原材料はポテンシャルを高められ、それによって「力動化」（ダイナミック化）されるのである。具体的に言えば、材料は希釈され、均等に振り動かされる。それによって原材料のエネルギーは、「振盪（しんとう）のメカニズム」という形をとって希釈液の中に移る。材料のポテンシャルを高めるたびに、材料は力動化され、そこから得られた薬剤のエネルギーはさらに強まり、強い作用力を働かすようになる。こんな考えはまちがっているとはいえない。なぜなら現代物理学でも、表面積の拡大によって作用力が高まるという原理が知られているからであり、同じように不溶性の物質がコロイドという形で可溶性物質に変わるという原理も広く知られている。

第九章　生けるものへの手がかり

そもそも細胞とはなんと「驚くべきもの」なのだろう？　生きた細胞は、その中に小さな宇宙を秘めているのだが、その細胞の持つ不思議の若干を以下にとりあげてみたいと思う。というのは、私たちは、この「現象」としての細胞についてあまりにも知らないことが多すぎるからである。

まずはじめに、次のようなことを取り上げよう。細胞を培養するとき、ふつうのガラス板で隔壁をつくり、一方にウイルスを接種する。壁の向こうの細胞は感染することなく生きている。しかし、ガラス壁を石英ガラスにすると、驚くべき現象が起こる。今まで感染することのなかった細胞が感染するようになるのである。ガラスを隔ててである。ウイルスはガラスを貫いて感染を引き起こすことはないはずである。これをどう説明するのか。それは細胞から発した光線が石英ガラスを貫くのである。現在、分かっていることだが、生きた細胞から紫外線が出ている。この光線をビオシグナルと称し、これを科学的に説明することもできる。このビオシグナルをビオフォトン(生体光子)とも呼ぶ。光子は光の粒子であり、自然界においてもっとも小さいものである。光子は、いわば光の原子であり、そのエネルギー部分は常に光速で動いている。光速は自然界でもっとも速い速度(思考の速度以外の!)、つまり秒速、三〇万kmである。この光線は細胞の生化学的過程を敏感に調節し、正確な秩序ある原理に従ってさまざまな過程をコントロールしている。

先にも書いたが、細胞同士はお互いに情報を発信しており交信している。だが、その制御システムが障害を受けたり、秩序原理が力を失う時には交信が中断する。プロセスが乱れるからである。

現実に起こった一つの例がある。それは植物が体内で情報を次々と伝達することができなくなったとき、例えばどうなるかを教えてくれるものだ。ある大きな種苗会社が育てて配布したたくさんのヒノキの若苗があった。半年あまりして、しっかりとした根系ができあがっているはずなのに、根株ごと地面からたやすく引き抜くことができた。植物は根を伸ばすことができなかったのである。こんなひどいことになったわけは、自然が、根を生長させ、それをコントロールするように細胞を通じて情報を与えてくれなくなったからである。その原因は何かを専門家たちが調べ、その後、育苗士に含まれていた何らかの毒性ある化学物質と、生長促進のた

農文協出版案内

有機農業の本

2021.12

現代農業 2021 年 10 月号
みんなで考えた 有機農業ってなに？
地力アップ編

「生きている土壌」 978-4-540-21320-5

有機農業の技術とは何か
土に学び、実践者とともに
中島紀一 著
978-4-540-09233-6
●２８６０円

「健康・内部循環・自然共生」の技術論を提唱してきた著者が、各地の有機農業者の実践や原発事故による福島農民の苦悩と復興の歩みに学びながら、自然と人為の共生的地域農法論としての技術論を発展的に構想する。

どう考える？「みどりの食料システム戦略」
農文協ブックレット23
農文協 編
978-4-540-21179-9
●１１００円

２０５０年に有機農業１００万haなど大胆な目標で注目される農水省の新戦略を深掘り。新基本計画等との整合性や、既存の有機農業、環境保全型農業との接続をめぐる課題を整理。地域・農業・環境がよりよくなる道を探る。

国連「家族農業の１０年」と「小農の権利宣言」
農文協ブックレット20
小規模・家族農業ネットワーク・ジャパン 編
978-4-540-18168-9
●１２１０円

２０１４年の国際家族農業年の誕生から「家族農業の10年」が設置に至った経緯を解説。世界が家族農業を軸に政策を転換していることを、アグロエコロジー、種子をめぐる動きと小農の権利宣言を含めてわかりやすく示す。

種子法廃止でどうなる？
種子と品種の歴史と未来
農文協ブックレット18
農文協 編
978-4-540-17169-7
●９９０円

稲、麦、大豆などの種子生産を都道府県が責任をもつ法律が廃止された。稲の品種育成や種子生産の実態はどうなっていて、種子法廃止でどうなるのか。日本の食料の根本となる種子を公共財という観点から改めて見直す。

雑誌

月刊 現代農業

作物や土、地域自然の力を活かした栽培技術、農家の加工・直売・産直、むらづくりなど、農業・農村、食の今を伝える総合実用誌。モグラ退治にはチューイングガム⁉ 農家の知恵や工夫も大公開！

A5 判平均 320 頁　定価 838 円（税込）
送料 120 円

≪現代農業バックナンバー≫

2022 年 1月号 農家の菌活　最前線　菌は死んでも役に立つ
2021 年 12 月号 明渠・暗渠・縦穴掘り　大雨に、転作に、排水改善大作戦
2021 年 11 月号 金をかけずに頑丈ハウス
2021 年 10 月号 みんなで考えた　有機農業ってなに？　地力アップ編
2021 年 9月号 キレッキレ　農家の刃物　選ぶ・研ぐ
2021 年 8月号 本当だった！　酢の実力
2021 年 7月号 厄介な多年生雑草　地下組織のたくらみを暴け！

＊在庫僅少のものもあります。お早目にお求めください。

ためしに読んでみませんか？

★見本誌 1 冊 進呈★
ハガキ、FAX でお申込み下さい。　※号数指定はできません

★農文協新刊案内
「編集室からとれたて便」
QR コード

◎当会出版物はお近くの書店でお求めになれます。

直営書店「農文協・農業書センター」もご利用下さい。

東京都千代田区神田神保町 3-1-6 日建ビル 2 階
TEL 03-6261-4760　FAX 03-6261-4761

地下鉄・神保町駅 A1 出口から徒歩 3 分、九段下駅 6 番出口から徒歩 4 分
（城南信用金庫右隣、「珈琲館」の上です）
平日 10:00 ～ 19:00　土曜 11:00 ～ 17:00　日祝日休業

めの水溶性肥料の影響によって、植物の細胞の分子内の電子の配列と数に変化が起こり、分子構造の変化と病気を引き起こした結果、発育のメカニズムが働かなくなったという結論が出されたのである。

1 「生体光子」(ビオフォトン)の研究

フリッツ・アルバート・ポップの研究によっても、細胞群の中では、細胞から細胞への情報伝達、つまりある種の意思疎通が起こっていることが分かっている。細胞群では情報交換は光子シグナルによって成立する。生きた細胞はきわめて微弱な光線を放射しており、これを生体光子(ビオフォトン)と呼ぶことは先に書いた。非常に重要なことだが、細胞はいかにして光線を出しているかということである。光の波長はばらばらではなく、細胞はお互いに同調しあっている。物理学者は、これを干渉現象、干渉波と呼んでいるが(ポップの研究)、一般的には「レーザー」という名がつけられる現象である。生きた細胞は、いわば普通の光ではなく、ある種の「レーザー光」を出している。こんな細胞の「言葉」をどういう風に表現したらよいのか? いうならば、二つの分子が接近し接触し、光子の交換を通してお互いに触れあい、互いに確認しあい、交互作用を行う。お互いに調整しあい、反発し、また引き合うのである。

人間の身体の中では、一秒ごとに、百万個の細胞が死んでいる。これらの多くは血液と腸、各種の組織の中で起こっている。しかし、常に正確に同じものが追加されている。つまり、一つの細胞が死ぬ前に、細胞の死を知らせるためのすばやいシグナルが放出されることになる。細胞と細胞の間で、すばやく光が交換されている。生きた細胞は普通の光を放出しているのではなく、ある種の（集束された）レーザー光を出している！ 健康な細胞は、弱いが秩序ある放射を送り出しており、病んだ細胞は反対に非常に強い乱れた光を出している。

新鮮で充実した畑の作物でも、典型的なレーザー光線が認められる。実験によって分かったことだが、有機農業によってつくられた野菜の汁液も、この種の光線を発しているが、普通の栽培のものでは光線は非常に弱い。全体的にみると、新鮮な汁液からは古い汁液よりも強い光線が放出されている。無機成分からばかりでなく、生きた細胞からも光線が出ているのである。

ロシアの植物組織学者、アレキサンデル・グルヴィッチがしばらく前に発表したことだが、あらゆる生きた細胞は非可視光線を放出しているという。この発表は学界に大きな反響を呼び起こした。

現在、確実だと認められていることだが、生物的な過程はみな光線を放出している。生きたものはどれも光線を送り出しているということである。生物物理学では、生命プロセスはみな電気物理学的なプロセスなのである。

しかし、毒物(化学物質)の影響のもとでは、この干渉波は急激に減衰する。他方、光線が急に強まることは、細胞の死がはじまったことのしるしである。例えば、一秒間に一〇〇個の光子ではなく、十万個の光子が測定されたこともある。この細胞の「白鳥の歌」は通常は長く続かない。数時間後には光線の放出は弱まり、数日後には消えてしまう。

健全な細胞は、弱いが、一貫性のある光線を放出している。反対に、病んでいる細胞(例えばガン細胞など)では、強い、乱れた、一貫性のない光を出す。

ビオフォトンの存在は、今日もはや疑う余地はないと考えられる。光子はあらゆる物質の中でも最小の粒子であり、自然界のいたる所に存在している。放射線物理学者たちは、現在きわめて感度の高い種々の装置を駆使しているので、ホタルの光を一〇㎞離れた所から識別することもできる。

光子放射線は細胞の中の生化学的過程に影響を与えるだけでなく、明確に規定された原則に従って生化学的過程を制御している!

生きた細胞の中で光子は、たまたま偶然に発生するのではなく、そこでつくり出されるのである。どういう力によって、そしてどういうプロセスで、この光がつくり出されるかを考えると、必然的にそれは金属イオン、特に微量元素から出る放射エネルギーを考えることになる。

さらに例えば、ホルモンのような調節者として働く分子、また種々の薬剤、ついには細胞の全生物的作用、免疫系、さらには「植物の心」と名付けられているものも、すべて今までまったく知られていなかった意味を持つようになるだろう。光線放射の分野での、これらの調節性ある分子の影響は、あらゆる生命機能の中心的問題となる可能性を含んでいると考えることができる。

個々の細胞は、それぞれ一つの複雑きわまりない「工場」である。それらは情報を発信し、情報を受け取り、養分などの物質を吸収し、これを転換し、移動させ、活用し、外部に放出する。その全組織の正確な調節のもとで、一つの細胞当たり、毎秒、数百万の分子(多くはタンパク質)が酵素としてつくり出される。この酵素は、きわめて複雑なタンパク質構造を持っており、ある一つの金属元素との入り組んだ共同作業のもとで機能する。

2 抗生物質と抵抗性

多頭飼育の結果として集団感染のリスクが高まってきた！　飼育農場では予防のために広範囲に抗生物質を使うようになり、また法令にもとづいて、飼料にも抗生物質を添加するようになっている。五〇年代では数千kgだった抗生物質の使用は、今日では数百万kgになっている！

自明のことだが、このことの結果として、治療剤としての抗生物質への抵抗性が高まってきており、人間との関わりではアレルギーが増大している。悪いことに、科学者のクラウス・ボーカンプやペンツベルクが認識したように、今までに使用されてきた抗生物質に対して、ますます多くの細菌が抵抗性を持つようになっている。今や、従来のような抗生物質の多用は止めなければならない時にきているようだ。もちろん、過去においては飼料への添加物としての抗生物質の使用は、畜産生産の向上に大きな役割を果たしてきたことは確かであるが、その結果として起こったことがあまりに明白になり、もはや無視することはできなくなっているのである。中部ヨーロッパでは、人間に現れるアレルギーは大きな健康問題となっている。食料品の中の殺虫剤の残留もアレルギーを引き起こす因子としてきわめて大きいものとなっているのと同様である。

ボーカンプは、無制限な化学薬品の使用の中で、抗生物質に抵抗性のある病原菌が生き残り、その増殖が促されることを指摘している。それらは拡がっていき、他の病原体を圧倒し、その遺伝子に不感受性を固定し、いわゆる抵抗因子の助けをかりて、それを他の細菌へと伝達する。この抵抗性の伝達は腸内細菌の間にも起こりうる。そして、ある病気を引き起こす微生物が抵抗性を獲得し、いつか世界的に制御できないような感染を引き起こすおそれもありうるのだ。途上国の医師たちは、感染性の病気に対して抗生物質が効かなくなっていることに途方にくれている。

飼料を生産する会社たちは今日まで抗生物質を大いに宣伝してきて、たえず力をこめて次のように宣言した。「家畜の健康のためには、抗生物質入りの飼料は不可欠だ！」と。外国から入ってくる濃厚飼料はおおかたがブラジルからくるのだが、大量の有害物質（散布剤による）を伴ってくるし、それは厩舎の中に次々と入ってくるのだ。抗生物質がますますアレルギーの原因物質となりつつあるという認識から、飼料工場では、抗生物質の代りの「代替薬品」を高い金で買いつけるようになっている。

3　身体、精神、心の不調和の結果としての免疫低下

人間はたえず微生物の大海の中を動きまわっている。無傷の免疫系なしでは細菌やウイルスの攻撃から生き延びることはできない。私たちの健康状態はある特定のタンパク質分子（デオキシリボ核酸）の質によって大きな影響を受ける。この核酸は、細胞の免疫機能にも影響を与える。原形質タンパクは生物細胞の生命を支え、生長を調節し、健康を保つ物質なのである。タンパク質と、それを含む原形質はあらゆる生命過程の支持者として知られている。しかし、いろいろな細胞毒によって原形質は強い障害を受け、植物では健全な細胞構成をつくり上げることができなくなる。その結果、人間や動物では物質代謝病、欠乏症が起こってくる。この場合、病

状や内的な秩序の障害といった現象は、薬剤によっていちおう撃退することはできるが、病気の原因となったものは残っていく。その結果として、人間や動物は免疫力低下に苦しみ、これはやがて生命をおびやかす姿をとることになる。

地球上の全大陸にはエイズその他のウイルスを病む多数の人々が存在し、これは免疫力の低下の結果であり、患者はこれらの危険な病気に対する抵抗力を欠いているのである。その免疫系は効果を発揮していないのだ。莫大な資金を投じて全世界の研究者たちは何らかの手掛かりをつかもうと努力しているが、その真の原因を突きとめるまでにはいたっていない。あらゆる植物の病害を引き起こすのは、つきつめると土壌病原菌である。動物も人間も同じこの循環の中に組みこまれている。このことを実際家は誰でも知っている。

総合医学の見地からみると、病気は身体、精神、心の不調和として理解される。私たちが免疫不全に悩まされるとき、その多くは誤った栄養が原因であり、その場合、腸が関係していることが多い。厳密に言えば、栄養の中心的器官としての消化器系が人間の身体の中での数々の代謝過程のはじまりと終わりなのである。腸はもっとも重要な免疫系であると考えなければならない。

全免疫系の七〇%は腸の中のリンパ組織の中にある。人間の身体の界面として皮膚はほぼ二㎡の面積があるが、腸の生理的表面は三〇〇㎡であることを考えると、その大きさからみても、人間の身体のもっとも決定的な界面は腸であると結論づけるべきだろう。そうなると、とりわけこの消化器官の表面に住んでいる微生物は、人間という有機体の免疫・防御システムの本質的な要因だと考えられる。

4 あらゆる生命活動はpH値によって影響を受ける

日常生活の中でpH値（水素イオン濃度）がそもそもどんな役割を果たしているのか、またどんな意味があるのかを、ほとんど信じることはできないだろう。水、土壌、腐植、堆肥、雨水、さては食物や飲料の判定、また家畜に飼料を与える場合、またさらに動物や人間の消化過程において、さらには酸・塩基の代謝などのたくさんの生命過程に果たす水素イオン濃度の役割はほとんど計り知れないものがある。

だから、依然として無視されているこのことについて説明し、正しく判断することは大切なことである。pHは土壌の酸性状態を示すために一般的に使用されている表示である。pH値が七・〇のときは中性、七・〇をこえるときはアルカリ性、それを下回るときは酸性であることはよく知られている。

多くの農作物は、土壌のpH値が六・二から六・八のとき、もっともよく生育するし、チッ素固定菌や硝化菌などの微生物は、ある決まった狭いpH値の中、つまり主として五・九以上、最適は六・四から七・四の範囲で生きている。

微生物の活動の全過程、土壌の塩基置換、またあらゆる物質変換の過程で、またさまざまな消化過程でも、pH値は常に決定的な役割を果たしている。

pH数は何を語っているのだろうか？　pHという略語がよく使われるが、そのうち、pは〝pondus〟というラテン語で重量をさし、Hはもちろん〝水素〟を意味しており、pHとは水素イオン濃度に対する度量衡であるが、それが示すものは酸性と塩基性の強度である。

5　人間と土壌の酸・塩基代謝の基準値としてのpH数

「酸性雨」によって人間は不安を抱き、また大いに反省させられている。例えば、バイエルンの森では、八〇年代の半ば頃、雨のpH値は三・三を記録したし、公的な記録としてはアメリカでの一・九という数字がある。これは食酢よりも酸性なのである！　一九八八年三月のはじめ、タウヌス山麓で私自身が測定したのは、雪まじりの雨のpH値が五・五であった。飲料水は六・八―六・九ほどであってほしいのだが、たいていは六・五を超えることはない。しかし一方、腐植の多い農耕地（管理は有機的なもの）では、pH値は六・八から七・二であり、そこでつくられる堆肥のそれはpH六・八であった。だが隣接する化学肥料を施した土ではpH五・五から五・八だった。

注目すべきことに、動物の血液のpH、つまり生命の数値とも言うべきものは、pH七から七・二の間である。

これら数値は何を語っているのだろう？　少なくとも驚きを禁じえないのは、腐植土と完熟堆肥のpHは、健康な血液のそれと非常に似ている、いやほとんど同じであるということだろう。この事実は大いに考えさせられるものだ！　ここでも土と人間（血液）の相似性があるからである。

前にも書いたことだが、腐植土が持つきわだった緩衝能のことを考えねばならない。例をあげれば、酸性の雨が降り、そのpH値は四・五から五・一なのに、腐植土の酸性化は起こらず、pHは中性域のままである。

私たちの当面の考察では、血液反応の制御はあまり問題にならなくて、人間の身体の柔細胞（植物や動物の基本組織）の中の反応の変化が問題である。これらの細胞では、それに隣接する環境と同じように酸が発生することに注目するべきだ。

細胞周辺がひどく酸性化してくると、その部分の病的状態を引き起こし、これは少なくとも次第に広がっていく。そして、ある限度をこえた酸性化は、ほとんど何時も、結果として、その周辺組織での酸素の利用が不十分になる。それがさらに進むと、その様相はさまざまな組織に大きく広がっていくことになる。

ここでも同じようにして、土壌と人間の間、腐植と身体組織の間の相似性が見られるのではなかろうか？　つまり、腐植を一つの組織（実際に腐植はそうなのだが―）とみなすなら、腐植でも酸素欠乏によって酸性化が起こるのだ！　そうなると、先にも見たように、連鎖反応と同じような結果が生じる。例えば、土壌の踏み固め、水浸しなどである。そして、酸性の組織全体に、例えば無機塩類の固定が広がる。これはもはや植物が吸収することのできない状態である。

こんな関連から見て、社会に広まっている消費者の誤解を指摘しておきたい。ミネラルウォーターの高いミネラル含量はとりわけ健康促進のために良いという考えである。事実は次のようである。同化されることのない無機塩は次第に生体内に沈殿物を形成し、痛みを引き起こしうることが知られている。例えば、あらゆる石灰沈着による病気、とりわけ関節での石灰沈着、また関節炎や動脈硬化への影響などである。しかし、生命にとって本来的に不可欠な無機物を含んでいるミネラルウォーターが何故、人間の身体にとって有害なものになりうるのか？　答えは、本来的には植物だけが無機質のミネラルを同化し、有機態に変化させ、それに新しい構造（秩序）を与えることができるのであり、それを人間が利用しているということである。

似たようなことが、土壌の中でも起こっている。しばしば古くからの見解がいまだに口にされている。植物に肥料を施すという考えである。実際には、まず土壌微生物の活動によって有機質や無機質の養分がさまざまな形に変えられ、それを植物が吸収するのである。植物に施肥をすると古くから言われているが、誤った考えなのだ。土壌の生物に食物が与えられねばならないのである。つまり、施肥をするとは、土壌を生かすことなのである！

少々、本質から外れた話になったが、酸と塩基の代謝についてもう一言つけ加えたい。人間の身体の酸と塩基の代謝は、両者にある一定の関係ができているのではなく、むしろ、それぞれの量はたえず変化しており、ある時には一つの成分構成元素、別の時にはまた別の構成元素が強くなる。ありがたいことに、健康な生物体では、この変化の中で秩序が保たれていると考えられている。

この場合、コラーゲン繊維(粘着性のタンパク質でできたコロイド組織)が、酸の過剰を調節してくれる。コロイド化学の法則に従って、この結合組織は化学的篩(ふるい)として働くのである。

細胞の全物質代謝の本来的な調節は、血液自体によるのではなくて、細胞をもたないコロイドからできた結合組織が、結合組織器官としての役目を果たすのである。この肝臓の二倍から三倍という大きな器官が人間の身体に備わっている。

このコロイドからなる結合器官は医学者によって「前腎」と呼ばれている。なぜなら、尿を経由するあらゆる物質は、腎臓を通して排出される前に、まず結合組織を通るからであり、腎臓へと流れていく前に結合組織の中に蓄えられる。この事を見ると、人間の身体の中で結合組織の果たす機能の大きさは計り知れないものがある。結合組織は、臓器の保護体としての役割だけでなく、とりわけ、細菌や病原性の微生物の侵入に対抗して戦う防御壁として働くのである。

記憶しておくべきことだが、結合組織器官はほとんどコロイド物質だけから成り立っており、そこには特にコラーゲン繊維が多く、「独自の酸の捕捉者」となっている。

一方では、細胞がなくてコロイド繊維だけでできており、酸の捕捉者としてのコラーゲン繊維を含みフィルターの働きをしている人体組織と、他方では、やはり細胞がなく、コロイド構造をしており、同じようにフィルターのように働き、また過剰の酸を中和する土壌腐植とを比べてみるとよい。共に、そのフィルター作用により、中和しているのだ！

6　どうすれば土壌の低すぎるpHを調節できるか

この問題はますます急を要するものになりつつある。と言うのは、私たちの土壌がたえず酸性雨にさらされ、また空気中からの有害物質や土壌の間違った管理法によって、酸性化している現実があるからだ。一九八六年四月二六日のチェルノブイリの原子炉大事故の時点での世界的な土壌の放射能による汚染は別として、土壌のpHについて、もう一度考えてみる必要は十分にあるだろう。その基本的な点のいくつかを取りまとめてみたい。pHが七とは中性であり、酸と塩基のバランスがとれている。pHが七から一の範囲で数字が下がるにつれて酸が増加していく。またpHが七から一四では、アルカリ反応が見られ、数字が大きくなるにつれて塩基が増える。pHが七・〇より大きな数字ではアルカリ性、七・〇から六・五は中性、六・四―四・六は弱酸性から酸性、四・五―四・一は強酸性、pHが四・〇以下では非常に強い酸性であることは周知の知識である。

土壌の反応は土壌の物理的構造にも影響する。酸性土壌は団粒構造を減少させ、土壌は湿気を帯び、冷たくなり、ぬかるみ、乾けば硬くなる。土壌微生物は酸性土のもとでは生活しにくくなり、とりわけ、このことは根瘤バクテリア(マメ科植物の根と共生する)にもあてはまる。またアゾトバクター(空中チッ素固定菌)や、アンモニアを硝酸に変化させる硝化菌にも同じように影響を与える。酸性土壌はまた有機物の分解を阻害する。

石灰岩を母岩とする土壌でも、土壌が酸性化すると、石灰は母岩から溶け出し、それにより母岩の成分が流亡することになる。土壌からしみ出した水には、石灰やマグネシウムも溶けて流亡し、結局はそれを全部補充しなければならなくなる。

石灰の施用は収穫物によって取り去られる石灰を補うためばかりでなく、石灰の風化による流亡を補うために不可欠である。

ある種の雑草が生えてくることにより、一つの土壌のpHを推定する手掛かりが得られる。それによって、その土壌が石灰に富むか、石灰が不足しているのか、あるいはひどい酸性になっているかを見分けることができる。pHが六・五から八・〇ほどの石灰に富んだ土壌に特徴的な雑草はシロガラシ、オドリコソウ、ヒナゲシ、セイヨウヒルガオ、ヒロバオオバコ、クワガタソウなどを主なものとしてあげることができる。pHが六・五以下になると、アザミ、キジムシロ、ハマアカザ、ハコベ、ナズナ、ニワヤナギなどが現れ、さらにpHが四から五になると、ギシギシなどが生えてくる。

一方、ハコベ、クワガタソウなどは腐植が豊富でチッ素の含有量の多い土壌の指標となる。さらにイラクサもチッ素の含有量が高く、鉄に富んだ土壌の指標となる。そのほか、ハマアカザ、ヒモケイトウ、キンポウゲなどは重粘で湿った土壌で育ち、フキタンポポ、スギナ、トクサ類は重粘で通気の悪い土に育つ。

ところで、農業の現場で、酸性になりがちな土壌にどう対応するかという問題について考えてみたい。これについては、腐植の問題がそこに含まれている。というのは、土壌のpHと腐植とは、共に土壌全体の問題として考えねばならないからである。これについて過去の農業は、何を語っているのだろうか？　明白なのは、過去百年の間に、わが国の耕地の腐植含量は何分の一かに減少していることである。

他方、きちんと腐植を維持し、十分に腐熟した堆肥や、好気的な条件下で腐熟させた厩舎からの排出物、さらには岩石粉末を利用した有機農業は、この問題に苦慮することはない。有機的経営をされた農地の土壌を何回測定してみても、いつもそのpHは六・八から七・〇ほどであり、慣行の農地では五・五―五・八であった。また完熟した堆肥のpHは六・五―六・八であった。

こんな堆肥を与えられた土壌は、驚くばかりの高い緩衝能を持っており、酸性雨(pHは五・〇)が降っていても土壌の反応はほぼ中性を保っている。

農家の人々、とりわけ有機農業に転換中か、あるいは自分もそうありたいと感じている場合には、自分の農地の養分分析の情報として石灰の含有量を入手することをすすめたい。土壌の石灰含量は、その土のその他のたくさんの条件に大きな影響を与えるからである。

もう少し詳しく語るために、次のような原則的な説明をしたい。すべての石灰肥料は土壌のpHの調節にとって同じような効果があるが、しかし養分の供給としては、マグネシウム(苦土)の含有量も大切である。この違いは、とりわけ作用速度の違いにある。

緩効性のものとしては、炭酸石灰、速効性のものとしては生石灰、消石灰、苦土石灰(一五―三〇%の苦土を含む)がある。石灰を与える基準としては、土壌診断とpHに基づき、三年に一回、ha当たり、苦土入りの炭酸石灰を一〇〇〇―一五〇〇kgを施す。年間でha当たり四〇〇―五〇〇kgの生石灰または消石灰が失われると見積もることができるからである。

物理的にみると、石灰は土壌を改良し、団粒構造の形成に役立つ。石灰は養分を可溶性にし、まずは有機物の中に組み込まれているミネラル、さらには土壌が持つミネラルを可溶性にする。石灰によって土壌は「活性化」され、不溶性だった養分を可溶性にし、それらは元素の循環の中に入っていく。この過程の中で、岩石の粉末でも、そこに含まれている微量元素が有効化され、それは植物によって、より利用されやすくなる。

かつて土壌の忌地（いやち）という考えがあり、石灰の多用によって解消されるとされていた。そのことから、「石灰は父親を富ませるが息子たちを貧しくする」という言葉がひろがっていた。しかし、もちろん、あまりにも多い石灰施用により、土壌のpHが九から一一にもなる場合は、好ましくない結果を引き起こすことになる。

一五世紀のスイスの著名な医学者、パラケルススはそのことを知っており、「それは使う量の問題だ」と言った。正しく使えば、貧しい父親も息子たちを豊かにすることができる。自制して、やりすぎないことである！

なお、林業の場合では、石灰―マグネシウム問題は、とりわけ重要である。ここでは、わが国のおおかたの森林土壌は酸性であり、石灰とマグネシウムが欠乏していると述べるにとどめることにする。

第一〇章　炭素と二酸化炭素

フィンランドのノーベル賞受賞者、アルトウリ・ヴィルターネンは、リンダウでのある国際会議で、その方面の専門家によく知られた講演のしめくくりに次のように語った。「微生物による生物的な空中チッ素固定とチッ素の集積は、炭酸同化作用とならんで、植物栄養の点だけでなく、この地球上での全生命体にとって基本的な意義がある。」この言葉は、炭素と二酸化炭素についての以下の文章にとっても導入の言葉として大いに役立つものだ。

1　炭　素

炭素については、とりわけ二酸化炭素(CO_2)と土壌に関わる炭酸が重要である。このことに土壌の全生命活動が関わっているからである。

炭素は空気中のチッ素（N_2）と同じように、いわゆる商品では決してなく、金銭的な取引の対象ではない。

あらゆる動植物の体は、炭素化合物によって組み立てられている。もし炭素がなかったら、植物のどんな活動も停止し、生命素材である炭素がないと一瞬たりとも生存することはできない。しかし、自然界ではフリーな炭素はほとんど存在せず、ダイヤモンドや黒鉛のような結晶として存在する。

ほとんどすべての養分を、植物は養分の流れから受け取っているが、もっとも重要な元素である炭素は別である。ところが、植物の体の半分までは炭素からできている。植物の養分および腐植のうち、量的にみて一番重要なのは炭素であり、次がチッ素、その残りは土壌内循環に存在するもろもろの物質である。

忘れられていることだが、土壌中の炭素は放出された二酸化炭素の形として存在し、それとならんで重要な素材としてチッ素がある。過去数十年間、土壌学では炭素に注目することはほとんどなく、その代わりにとりわけチッ素に関心を寄せてきた。

2　二酸化炭素

まず、二酸化炭素（炭酸ガス）はガス状の養分であり、一酸化炭素（CO）とともに植物の大切な構成元素である。二酸化炭素は無色のガスで、空気よりすこし重い。他の物質との反応は鈍く、不燃性である。普通の水にはよく溶け、一リットルの水中にほぼ同量の二酸化炭素が溶ける。大気中の二酸化炭素は「空気の炭酸」と呼ばれることもあるが、本当の炭酸（H_2CO_3）は、水中で二酸化炭素が溶けた場合に生じるものだ（CO_2 ＋ H_2O）。その塩類は炭酸塩であるが、人工のミネラルウォーターに含まれているものは炭酸と呼ばれる。

これと違って一酸化炭素（CO）は有毒ガスであり、無色無臭である。これがガス中毒を引き起こすことがあるのは、石炭ストーブの不完全燃焼、モーターの排出ガス、飼料サイロで発生する一酸化炭素などである。

二酸化炭素のほうは、土壌の呼吸、石炭と石油の燃焼、火山の噴出物、高等生物の呼吸などから生じる。光合成という二酸化炭素の利用経路を通じて、植物は自然界の「炭素循環」を確実に維持してくれているのである。

3　土壌起源の二酸化炭素

いわゆる土壌性の二酸化炭素の濃度はじつにさまざまである。
―地表に接して、植物をとりまく空気中
―その上方で植物がなくなった空気中
―さらに、植物をはるかにこえた大気中

当然のことだが、地表に接した所の空気中には、植物の緑の層、および、その上部の大気中よりも二酸化炭素が多い。また、植物の緑葉がおおっている空間よりも上の二酸化炭素は、もはや植物によって吸収されることはない。

自然が教えてくれるように、土壌起源の炭酸を植物が吸収する作用が最高となるのは、葉の気孔が開いている部分であり、それが葉の裏面であることはよく知られている。葉の表面積の一m^2につき、気孔はほぼ二〇〇―三〇〇個があり、二酸化炭素を吸い込んでいるが、気孔の開度は孔辺細胞によって調節されている。吸収された二酸化炭素の分子は、まず呼吸間隙、さらに葉縁組織にたどりつき、そこで水に溶け込み、機能する。これとは別に葉の表面にはごく小さい水孔といわれる出入口があり、水分と、そこに溶けている物質を取り入れている。この働きにより、葉面施肥などにより、溶けた養分や生長物質が吸収され、植物の生長を促進させることができる。

大気は二一%の酸素とほぼ七八%のチッ素、さらに〇・〇三%の二酸化炭素を含んでいる。これに対して、農地の表面の空気では酸素が二〇%以下になり、反対に二酸化炭素は〇・二%以上、時には数%になる。地表に近いところでは、二酸化炭素は大気の一〇倍、あるいは百倍にもなることがある。

4　土壌呼吸

土壌の中での呼吸によって放出される二酸化炭素のうち、三分の二は微生物の活動によって生じ、三分の一は根の呼吸によって、さらにごく少量は土壌動物の呼吸によって生成する。

植物の根の呼吸と土壌微生物の呼吸活動の結果、酸素が消費され二酸化炭素が生産されるが、それによって土壌空気の組成は大気のそれとはひどく異なってくる。とりわけ、土壌表面に近い空気の二酸化炭素濃度は大きく高まる。土壌が硬く踏み固められている場合には、ガス交換は阻害され、二酸化炭素の含量は一〇%を超え、酸素含量は一〇%以下に下がることになり、根の活動は抑制される。

5　炭素とチッ素の比率

炭素／チッ素（C／N比）は有機物の分解や、その生物的活動のために役立つ指標である。セルローズの分解にはC／N比が三〇／一が適当である。有機物の分解に関係するのは好気性あるいは嫌気性の細菌、放線菌、そして糸状菌である。しかし、セルローズは分解されにくい炭水化物であり、植物の細胞壁の構成元素の中でも、もっとも重要なものである。

細菌の体の構成物質の合成に必要なタンパク態のチッ素が不足してくると、微生物の活動は阻害される。もしC／N比が二五／一より大きくなる場合、例えばワラ類やそれを材料とした堆肥では、材料の分解は抑制され、微生物の体構成のなかのチッ素は生物的に一時的に不活性化される。有機材料が十分に分解され、C／N比が二〇／一などのように低くなると、有機物としてとりこまれていたチッ素の放出が起こる。十分に肥沃な土壌ではC／N比が一〇／一と低くなる。

第一一章　人間、動物、土壌における細菌相（フロラ）

1　細菌フロラ

私たちの身体の内外の粘膜の上に生きる細菌の社会は、人間や動物の健康状態に決定的な影響を持っていることが分かっている。だから、治療のために、細菌の培養による生産が続けられてきたし、それは現在、薬局で「共生菌」として入手できるものである。長い間治療のために用いられてきたのは主に乳酸菌の仲間だ。

しかし、人間に見られる細菌フロラは、ある決まった典型的なものだけでなく、人間の基本的健康度を反映しているものでもある。

現在、明らかになっている事実は、完全に健康な状態の人間と動物では、ある明確な、同定できる微生物フロラを体内に宿しているということである。また、食物、共生系の存在、人間や動物の健康、そして土壌の間にはみごとな相互関係があるということも明らかになっている。
私たちの食物は、土壌の肥沃性に依存しており、そこでは、土壌の肥沃さ、その生物的な質、細菌フロラの間に深いつながりがあると考えることができる。私たちが認めざるをえないのは、人間や動物の基本的健康は細菌を経て生じる食物の質によって左右されているということだ。言い換えるなら、動植物の健康は、その食物の生物的な質に直接に関係するのである。
反芻動物が持つ三段階の消化を考えると、その食物が含有するセルローズが持つ巨大なエネルギーが決定的であると言わねばならない。この場合、微生物の助けなしでは、セルローズの消化は不可能であり、それによって、セルローズは炭水化物に転換される。微生物との共生を失った動物はもはや生きていくことはできない。この時、次のような三つの段階が特徴的である。
—セルローズを解離する細菌による酵素的前駆消化
—その動物種に固有の酵素、酸、塩基の生成による消化
—大腸菌フロラによる消化の最終段階
この三段階の消化をよく考えてみると、土壌の中の腐植形成の過程と非常によく似ていると思わされる。両者ともに、微生物による有機質の食物の酵素的な可溶化が行われているのである。

反芻動物のルーメン胃とそれに続く胃の中での予備消化は、土壌の熟土帯での微生物活動と似ている。分解をつかさどる細菌は、安定した熟土形成のために、養分の持つ潜在能力を一つ残さず利用し、腐植（フミン物質）の生成のため、つまり土壌の肥沃さのために働くのである。それに続いて、表土は反芻動物の消化の第三段階の役割をなしとげる。表土は、ルーメンフロラだけでなく、大腸フロラ、つまり、植物については明確にその根圏フロラに当たるものをも含んでいる。

どんな表土でも、こんなフロラを持っている。そして、それは人間や動物についてのものと同じ性質のものであることが分かっている。

もしも、ある土壌の生態系が健全であるなら、病原菌（例えば炭そ菌、チブス菌など）に感染しても、数日の間に、その胞子は死滅するだろう。活力のある土壌の持つ殺菌力は、その腐植の持つたくさんの機能によるのである。だとすれば腐植化は、自然の知る限りの最大の調節者である。健全な表土は病んでいるものを除去し、生物的に調節する能力を持っているのである。

いくつかの選ばれた細菌株を用いて土壌（さらには堆肥）を処理することは、事柄をある新しい観点でみることになる。土壌と植物の循環の中で、人間は気づかずして、生理的活性の高い細菌のおかげをこうむっていることになる。

2 アンドレ・ヴォアサンと「医学生態学」

もしも、私たちが細胞の物質代謝、ひいてはその養分代謝への土壌の影響、つまり、土壌から植物を通じて動物と人間にいたる循環、また、その阻害がしばしば有害作用と病気の原因となっていることについて深く考える時、科学者であり、農学者であったある人のことを見直さねばならない。この人は、すでに三五年前に、確立されていた「学界の通説」に反して、土壌と、人間や動物のいくつかの病気の間には深い関係があることを明らかにし、それは主として土壌要因の調和の破壊から生まれてくることを否定できないと考えたのである。

自然に即した農業を営んでいる農民たちの間では高く評価されていたが、残念なことに早世したアンドレ・ヴォアサンのことである。この人の研究を、私たちは「医学生態学」の領域であると位置づけることができるだろうが、それは土壌から豊かに供給される酵素と微量元素が、人間と動物の細胞の完全な機能の働きにとって決定的に重要であるという認識に立つものである。

ヴォアサンは、その説得力ある表現で、『草地の生産力』、さらにその後に発表された『土壌と植物――人間と動物の運命』によって一九五〇年以来、久しく抑圧されていたとはいわないいまでも、沈黙していた土壌生態系の中の生きた有機体としての土壌についての新しい認識についての対話を復活させたのでる。

3　光合成、または二酸化炭素同化作用

光合成は二つの要因と結びついて展開する。一つは生きた植物細胞、もう一つは細胞内の葉緑素（クロロフィル）である。この葉緑素はエネルギー触媒として働いている。植物は有機物（最初の段階は単純な糖類）の組み立てに必要なエネルギーを二酸化炭素と水から、光のエネルギーを用いて手にいれる。このエネルギーは炭水化物の形で化学エネルギーとして植物体内に蓄えられる。

この独特の生命活動は一つの化学式によって表現される。

$$6\,CO_2+6\,H_2O+684\,kcal=C_6H_{12}O_6+6\,O_2$$

言い換えれば、六分子の二酸化炭素と六分子の水から、太陽エネルギーと葉緑素の働きにより、ブドウ糖やデンプンが合成される。二酸化炭素の吸収と、中間産物の糖への転換は酵素によって調節される。地球上のあらゆる生命は実にこの過程によってつくられるものに依存しているのだ！　この光合成の過程を次のように表現することができる。

―太陽からの光エネルギー
―光エネルギーの化学エネルギーへの転換
―触媒としての葉緑素による光エネルギーの受け取り
―電子の流れの誘導
―水分子の解離
―最終的には、炭水化物の生成
炭水化物という名称は炭素と水という二つのものの組み合わせから生じている。

第一二章　チッ素

——作物生育の妙薬

土壌中には、岩石の風化によって生じた栄養素、つまりカリ、リン酸、カルシウムなどがある。これに対してチッ素はある特別の立場にある。なぜだろうか。それはチッ素がもっとも複雑な葉緑素の分子の中に組み込まれており、さらにタンパク質、ビタミン、酵素などの主だった成分となっているからだ。

生きた細胞はチッ素を含むタンパク質からできており、人間や動物、さらには植物の身体は原形質、つまりあらゆる生命現象の担い手であるタンパク質からできている。植物の「緑の血液」ともいうべき葉緑素もタンパク質からできている。有機体の生命が終わると、タンパク質ははじめの物質に分解され、この物質からタンパク質のさらなる循環がはじまるためにチッ素が利用される。

有機農業では合成チッ素肥料を用いず、その代わりに骨粉、血粉、角粉などのような生物的に生成したチッ素を利用する。化学的にみると、純粋に有機的な施肥でも、やはり「ミネラルの施肥」であると考えることができるが、有機質肥料は動植物での生命過程を経て生成され、さらに土壌生物によって消化されたものである。この点で、無機肥料と有機質肥料とは大きな違いがある。

有機質肥料は土壌生物によって植物が吸収できる形にされる必要がある。肥料と植物の間に土壌生物が介入しなければならない。「肥料をやるということは、つまり、土壌を活性化することだ」と言える。

1　空中チッ素(N_2)固定の二つの道

自然界では次の二つのチッ素固定現象が知られている。雷雨での放電によるものと、微生物による生物的固定である。チッ素がなければタンパク質合成は起こらず、生きた細胞での原形質の合成ができない。

地球上の気圏の五分の四(ほぼ七八%)が遊離のチッ素(N_2)である。地表の一㎡についての気圏では、約八tのチッ素が含まれており、一haにすると八万tのチッ素となる。そこでの植物のチッ素栄養が百万年間、保証されていることになる。

それにもかかわらず、植物はたいていの場合、チッ素不足に悩んでいるが、これは大気中の分子状または遊離のチッ素を植物が利用することができないからである。

チッ素の固定には二つの道がある。

(1) 自然な方法。いくつかの微生物の細胞の中ではじまり、エネルギーの消費が少ない。

(2) 化学工業的にアンモニアの合成(ハーバー・ボッシュ法)を行うもので、非常に大きなエネルギーの消費を伴う。

ハーバー・ボッシュ法により、高圧・高温のもとで大きなエネルギー消費を行いつつ巨大な装置の中で行われるものを、微生物たちは、太古の昔から、ほとんど片手間のようにして、どんな費用もかけずに行ってきた。

チッ素肥料の製造でのエネルギー支出は莫大である。例えば一tの石灰チッ素の製造には一・一tの重油と一一〇〇kW時の電力を必要とする。ここで注目すべきことは、農業のエネルギー需要やエネルギー集約的な化学肥料生産との対比で、原子力産業界が原子力発電所の建設などを正当化しようとしていることである。実際、技術を駆使してつくられた合成チッ素としては、例えば硫安、石灰チッ素、硝安石灰、尿素など、たくさんの「化成肥料」がある。

大気中のチッ素固定には二つのグループの細菌が関わっている。とりわけよく知られているのは、リゾビウム属の根瘤バクテリアで、マメ科植物の根と厳密な共生をしている。この細菌は植物から炭水化物と無機化合物を受け取り、それに対してチッ素を含む物質を宿主植物に提供する。

2　微生物による空中チッ素(N_2)の固定

マメ科植物が生長している間、根瘤菌は土中にたえずチッ素化合物を放出しているので、マメ科と一緒に栽培されている植物、たとえばムギなどの作物はチッ素養分を十分に受けとることになる。これはムギとウマゴヤシやエンドウなどとの混作で見られることである。以前は、ジャガイモを植えつける時には、植え穴に数粒のソラマメを一緒に播いたものである。この習慣は長い間続いていた。

根瘤菌の活動は、その土壌のpH値と大きく関係している。pH値が六以下にならないようにするべきであり、またビタミンB_{12}があることが効果的である。

チッ素を固定する細菌の第二のグループには、高等植物との共生を必要としないものである。つまり、独立してチッ素を固定する細菌である。例えば、とりわけ酸素を好む土壌細菌であるアゾトバクター・クロオコックムと水中に生きるアゾトバクター・アギーレなどがある。

また、酸素のない条件下の土壌の中に広がっているものとしてバクテリウム・パストウリアヌムがある。さらに、クロストリディウム・バクテリウムは、pHが四・五までの酸性土に見られる。

その他にも、最新のアイソトープ技術のおかげで、たくさんのチッ素を固定する微生物が見つかっている。中でも重要なものとして、緑藻と藍藻の仲間があり、今では二一種にものぼる。これらは、日本での水田稲作にも利用されている。緑藻はその葉緑素によって炭酸と水からチッ素固定のためのエネルギーを取り込んでいる。つまり、光合成とチッ素固定を同時に行っていることになる。

とりまとめると、大気中のチッ素の固定は、止むことなく、

(a)　土壌中のいたるところに独立して生きているアゾトバクターなどにより、

(b)　また、根瘤菌、つまりリゾビウムによって行われる。こちらのほうはマメ科植物との共生があってはじめてチッ素固定をすることができる。

これに加えて、アゾトバクターに対して堆肥は特に良い影響を与える。堆肥の中の放線菌の菌糸中に、いくつかの緑藻が好ましい生活条件をみつけており、これらの緑藻はアゾトバクター・クロオコックムと共生し、そのチッ素固定活動をさかんにする。藻類とアゾトバクターとは自然界でしばしば一緒になって生活している。

植物のチッ素固定の最終産物はタンパク質で、これは原形質になっていく。複雑な構造のタ

ンパク質分子は、中間産物としてのアミノ酸を経てできあがっていくのである。マメ科植物の根瘤バクテリアを経由したチッ素固定（クローバー、ルーサン、ソラマメ、インゲン、エンドウなど）のほかに、上に書いたように、土中のいたるところで、自然の力によるチッ素肥料がつくり出され、提供されている。たくさんの種類の植物がその根圏で土壌微生物と共にチッ素をつくり出していることを忘れてはならない。

重要なことだが、土壌の中で独立して生きているアゾトバクターを例にして言えば、その生活のために欠かせない環境条件をみずからつくり出しており、それを傷つけないことが必要である。植物の根圏で酸素をたよりにしながら独立して生きているアゾトバクターは、とりわけ微細な根毛の中や、たくさんの種類の小動物や細菌によって消化された細かい植物残滓の中に生きている。これらの炭素材料は、この微生物がつくり上げている無数の小型の「チッ素合成工場」の燃料となっているのである。

よく知られていることだが、アゾトバクターが利用するのは分解しやすい有機物、例えば糖類、有機酸などであり、分解されにくい物質は利用もされにくい。

アゾトバクターはまったく「グルメ」である。人間に当てはめてみると、それは消化しやすいベビーフードや病人食が食たいのだといえよう。

このようにして、「ほかの細菌と共同しつつ、そこではさまざまな形の植物性の有機物が、その場で、ほとんどあますところなく、分解されてしまう。つまり、炭素原子の大部分が、またたく間に土壌性の炭酸として土壌に養分を与えながら放出され、その間にアゾトバクターなどによって分子状の空中チッ素から、根に吸収される養分としてのチッ素がつくり出されるのである。これによって、マメ科植物によるのと同じように、土壌の肥沃度が高まっていく。」(ライナウによる)。

先にも書いたことだが、アゾトバクターはとりわけ微細な根毛に住みつく。根毛は短命だが、顕微鏡的な細かい組織をつくって土壌の中に広がっており、短い時間ののちに消えてしまう。しかし、たえず新しくつくられ、たえず広がっていく。

緑色植物の細かい根毛は、有機物の循環の中でのエネルギーの補給綱である。このエネルギーの補給によって、地球の上での人類の存続が可能となる。また、この土壌の動態は、土壌の肥沃性の根本でもある。セケラが一九五一年に言ったことだが、「土壌の表面ではなく、根がひろがっている土壌空間こそ、私たちの所有地だ」とは至言である。

根毛のひろがる土壌部分はなお多くの秘密を含んでおり、いくつかの驚くべきことを明らかにしてくれる。よく知られている生物学者のヨハンナ・ドウブライナーはイネ科の植物について研究し、その根毛の発生する部分にチッ素を固定する微生物を発見した。定説によれば、そんなところには、そのような微生物は存在しないはずであった。しかし、この熟練した自然科学者は「自然科学が明確にできなかったことは、つまりそこには何もない」という古い命題から自らの一歩を踏み出したのだ。この発見によって、土壌を改良するイネ科植物の役割の一つがあらたに発見されたのである。

3 「小さな肥料工場」を豊かに育てる

多くの農家は、現代の微生物学者に大きな期待を寄せており、いつの日か、空中チッ素を固定する微生物の菌株を実際の農業に利用できるようになることを願い、ムギ類や中耕作物と共生させることを望んでいる。私自身は、しばしば菌根菌がこの特別の役割を担ってくれるのではないかと考えている。先に述べたハワードは、その『農業聖典』の中で、「自然界は菌根菌の中に、クローバーのようなマメ科植物に共生する根瘤菌よりも、もっと重要な、そしてより広範囲に利用できる機能を与えていると思われる。」と書いている。

先に書いた「小さな肥料工場」に話を戻したい。この工場を稼働させ、効果的に働いてもらうためには、いくつかの対応が必要だ。一般的に言えることは、分子状のチッ素の固定は、水溶性の肥料塩があると抑制されることである。アゾトバクターの活動は停止し、死んでいく。この微生物の含量と活動が最高であるのは、腐植が十分にある土壌で、最適の熟土になっているときである。

説明のために一つの例をあげよう。二〇世紀の終りごろ、ロシヤの土壌学者たちは、なぜウクライナの腐植の豊かな土壌で、八〇年以上に渡ってムギ作が高い収量をあげ、減収することがなかったかを考えてみた。当時は肥料というものがなかった。研究の結果、そこの土壌の一グラムにはは八千万個の微生物が生きていることが分かった。その内の八〇%はアゾトバクター、つまり空中チッ素を固定する独立栄養の細菌だった。現在のような腐植の乏しい土壌では、もうどこにも、このような状況は見られない。

『農業中央紙』の一九七九年一月号の記事として、化学薬品の土壌消毒によって、チッ素を固定するアゾトバクターが八〇%も減少することが上げられている！　このチッ素源の大部分が駄目になったのである。先にも書いたように、アゾトバクターは分解しにくい物質を利用することはできない。例えば、厩肥、緑肥などの未熟な材料である。畑の土を鋤き起こしたり、深く耕したりすると、アゾトバクターのための養分はもはや存在しなくなる。

これらの植物材料が、土壌表面をおおうものとして利用されたり、表面堆肥化されたりしないかぎり、腐熟した堆肥になることはないだろう。そして、化学肥料によって追い出されたりしない、しっかりと発達した根系だけがアゾトバクターの増殖と活動に好ましい条件を与え、それはまさに、この敏感で重要な微生物の生活にとっての大前提となるのである。つまり、植物の地上部がさかんに生長するというのではなく、順調に発達した根系こそが問題なのである。

さらに現在、酵母や藻類や放線菌なども分子状の空中チッ素を、植物と共生することなしに、かなりの程度、固定することが知られている。シャンデルリの研究によると、マメ科の植物ではなくて、例えばイネ科のトウモロコシもまたチッ素を固定することが分かっている。この場合、ビタミンB_{12}の供給が必須である。また根瘤バクテリアやアゾトバクターによるチッ素固定にもB_{12}の存在が関わっている。この点から、土壌の中でもビタミンB_{12}が重要な役割を果たしていることが分かる。しかし、ではどこからB_{12}が土壌の中に現れるのだろうか。またこのビタミンの形成にはどんな過程が関係するのだろうか？　これらの基本的なことを若干説明してみたいと思う。まず普通はB_{12}は人間や動物の腸のなかで、乳酸菌によって生成されるが、このさい食物の中に微量でもコバルトが供給されることが必要である。つまり、コバルトがないと、ビタミンB_{12}はできてこない。じつは、B_{12}はコバルトの核を持っているので、コバラミンとも呼ばれる。しかし、一つの酵素の必須構成物であるB_{12}は、どうして土壌中に現れるのだろうか？最近の知見によると、そこに微量元素としてのコバルトが存在するなら、植物の根圏、あるいは根の中でB_{12}が生成されるといわれている。

つまり、根元が発達し植物が緑色になり、クロロフィルができるとまもなく、その地下部にひとつの「特殊なフロラ」ができる。これは微細な根と共生している微生物相である。ハンス

・ルシュがつき止めたように、そこでは人間や動物の共生者となっているのと同じ種類の細菌が大部分であり、それらは乳酸を生成する。一方、土壌中には微量元素のコバルトが存在し、それによってビタミンB_{12}、つまりコバラミンが自由に形成される筋道ができてくる。

これを取りまとめると、乳酸菌(*Lactis acidophilus*)と微量のコバルトとコバラミンの両者によって土壌に固有のチッ素固定工場が活動をはじめる。なぜなら、根瘤菌もアゾトバクターもB_{12}に依存しているからである。

有機農業では、コバラミンの生成のためのいろいろの条件、そして、その結果としてチッ素を固定するアゾトバクターの増加のための条件を手に入れることができる。これ以上、簡単で安価な、そしてエネルギー消費の少ないチッ素固定があるだろうか？

今ここにあげた生物の共同作業は、根圏、もっと正確にいうと、微細な根毛の広がる領域で行われているもので、じつに魅力的で同時に科学的に実証されている現象である(バーゼル大学植物学部の研究)。

こんな状況を整えることと関連する「総合的な処方箋」の考え方は、次のようなものであろう。

(1)　全く無償のチッ素を利用すること。

(2)　自分の農場の厩肥、畜舎液肥に含まれるチッ素を動員し利用すること。

(3)　土壌の肥沃な状態を常に持続的につくり出し維持するための方策としては、

—まず何よりも十分な腐植の養成が必要である。

—厩肥、畜舎液肥などを好気的な状態で熟成させること。

—マメ科植物を栽培することと。

—緑肥栽培を増強すること。

—「常に緑」の状態の畑地になるように努力する。

—玄武岩の粉末を施すこと(コバルトなどの微量元素の補給のため)。

—根圏を大切にすること。

—そのためにも土を耕すことに注意をはらい、ごく浅く反転し、それ以下の深さの土層は柔らかくするにとどめること。

—水溶性肥料の使用を避ける。

—熟土構造を良好に保ち、孔隙量を高めること。

独立して生きているチッ素固定微生物は、以上のような土壌では年間にしてha当たり二〇から五〇kg以上のチッ素を固定することができ、マメ科植物はha当たり、三〇〇—四〇〇kgのチッ素を固定することができる。これらの数字は大気中から直接に固定されたチッ素について計算したものである。もちろん土壌の中にはさまざまな有機態のチッ素の蓄積がある。とくに腐植がそうである。これらの蓄積は結局は大気から得られたチッ素である。土壌チッ素のもとは、すべて地球をとりまく大気に起源している！　土壌中に固定されたチッ素を含む以下の説明は、この状況を取りまとめたものだ。

—土壌微生物を通じて有機物から受けとっている固定チッ素は、ha当たり年間にして二〇—三〇kgと見積もられる。

—チッ素の循環に関してミミズは大きな意味がある。ミミズの糞の中のチッ素化合物はha当たり、ほぼ一〇kgである。

—また世代を終えて死んでいくミミズには、ha当たり九〇kgのチッ素の集積がみられる。

—だから豊富なミミズの集団は全体としてha当たり一〇〇kgのチッ素を集積していることになる。

4　腐植中の有機態チッ素は豊かな窒素源

このようにして土壌の中には有機態の化合物の形で、かなりの量のチッ素が存在することになる。腐植の中の有機態のチッ素は、チッ素源として豊かな可溶性のチッ素であるとみることができる。

土壌中のチッ素の大部分は植物と動物の遺体のタンパク質からできており、そんな形で土壌中に残されている。動物起源のチッ素には、その大きな生物量から考えてミミズが大きく貢献している。また腐植が豊かになるほど、そのチッ素源はとぎれることなく供給されていく。

これに関して一つの実例をあげてみたい。腐植が豊かで有機物含量が四％の土壌は、どれだけのチッ素を持っているのか。四％の腐植を持つ土壌は、ha当たり、ほぼ九〇ｔの有機物を深さ一五㎝の土層に持っている。

専門文献によると、腐植はほぼ五％のチッ素を含んでいる。上にあげた九〇ｔの腐植はつまり四五〇〇㎏の有機態のチッ素を持っていることになる。四％の腐植を含む肥沃な土壌の場合では、ha当たりにして、植物にとって四五〇〇㎏のチッ素の備蓄があるということである。もしも、これを二〇％のチッ素分を含む化学肥料に換算すると、二万二五〇〇㎏の無機肥料に当たる。どんな農家でも、こんな大量の肥料を畑に入れることはとうてい思いつかないだろうし、どんな作物もこんな量の肥料には耐えられないに違いない。しかし、このことは、こんな大量のチッ素の備蓄が、生物的な循環によって可能であることを意味している。

こんなチッ素の蓄積が植物が吸収できるような硝酸塩に転換されるのも、土壌の中の微生物の活動による。ゆっくりとした無機化、つまり土壌の有機態のチッ素が植物に利用可能になるとき、その多くの場合は、肥沃な土壌が持ついわゆる「古い力」（地力）と言われるものによるのである。

先に名をあげたフィンランドの農家で研究者でもあるヴィルターネンは、自分の農場での二〇年にわたる経験によって、生物的チッ素固定は集約的農業での要求を十分にまかなうことができることをはっきりと証明した。そんなことを考えると、わが国、ドイツの農業は何よりもまず腐植の働きによらねばならない！　完全な腐植管理こそ農業の柱であるが、今日ではそのことはほとんど行われていない！　だから、実際の農業での土壌の収支では、たった一年の間にチッ素の貯蓄がなくなってしまうという問題をくり返すことになる。

はっきりしていることがある。正しく営まれている有機農業が、先にあげたようなチッ素源を土壌の中から引き出し、それを利用する方法を知っているなら、まさにチッ素工業界の怒りをかうことになるのだが、どんな合成チッ素肥料も利用せずに農業をすることができる。そんな実例はたくさんあるのだ！

5　チッ素は「反応の鈍いガス」であり、「元気のよい仲間」

腐植のなかに組み込まれているチッ素には大いに注意をはらうべきだし、また知識を必要とする点から、この章の終わりに当たって次のことをつけ加えておきたい。つまり、チッ素はひどく反応の鈍いガスであるが、土壌の中で有機態となり、微生物によって分解され、無機化するときは、「元気の良い仲間」となり、場合によっては、ふたたびガスとなって大気中に消えていくということである。

手短かに土壌チッ素の成り行きと、その場合の形態を眺めてみることにしたい。まず、土壌中ではチッ素の九五―九八％が有機物と結合した形になっている。しかし、高等植物はほとんどが硝酸イオンの形で吸収するし、またある程度はアンモニアとしても吸収する。この過程を追跡してみよう。

植物が含む有機態のチッ素はタンパク質とアミノ酸の形で固定されているが、まず土壌中の小動物によって分解され無機化される。この分解の過程は微生物が出す酵素によって行われる。この無機化の第一段階をアンモニア化と呼ぶ。

リービヒが活躍した時代には、アンモニア（NH_4）が植物チッ素の唯一の源泉であると考えられていた。この主張は「アンモニア仮説」として主導権を持ち、もっとも重要なチッ素として大いに提唱され、最初の頃のチリ硝石（チリで生産された硝酸肥料）のハンブルク港での入荷は誰も買う人がなく海に投げ捨てられる羽目になった。一八五〇年になってはじめて人々は硝石の価値を認め、肥料として利用しはじめたのである。

チッ素肥料の二番目の変化では、アンモニアが空気中の酸素のもとで、亜硝酸化成菌と硝酸化成菌によって二段階の過程を経て硝酸に酸化される。つまり、アンモニアは亜硝酸（NO_2）になり、亜硝酸は硝酸（NO_3）になる。

今もしも土壌中に、例えば酸素が不足し、硝化バクテリアの活動が抑制されると、有害な濃度の亜硝酸が現れてくる。土壌が固結して酸素不足が起こると、硝酸塩の生成は起こらなくなる。アンモニアが硝酸に変化することを硝化と呼ぶ。

いわゆる脱窒という第三の形態についても短かく説明しておこう。ここでは、アンモニアと硝酸とが別々の微生物の働きによって分子状のチッ素（N_2）と酸化チッ素（N_2O）変かわる。この「移り気な仲間」であるN_2は自由の身となって出ていき、チッ素は土壌中の循環から消えさる。まず何よりも土壌の酸素欠乏と腐敗とが、このことを引き起こすのだ。脱窒によって起こるチッ素の損失は、かなりのものである。マークされたアイソトープチッ素を用いた研究によると、砂質の土では二五％、粘質の土壌では一六から三一％に及ぶとみられる。

完全を期するために、チッ素の舞台の上で起こる第四幕についても語らねばならない。つまり、土壌の中でのチッ素の固定である。あまりよい言葉ではないが、それは「有機化」と呼ばれる。「炭素と二酸化炭素」の章ですでに述べたように、炭素とチッ素の比率は、有機物の分解にとって本質的に重要な尺度である。比率が大きい（例えば一〇対一以上）と、微生物は植物とチッ素をめぐって競合する。その場合、微生物の体のタンパク質をつくるのに必要なチッ素と関係して、植物はチッ素を利用することができなくなり、チッ素不足となる。

微生物は実際はっきりとしたエゴイストである場合があり、その言い草は「順番はまず私らだ！」なのである。

というわけで、チッ素という妙薬のいろいろの形態を人間の役に立つように自由に扱うのは、そう簡単ではない。その取り扱いを見事にこなすことのできる農家は、その道の達人だといえる。

第一三章　農地ができあがるまで

私たちの耕土はかつては岩石だった。例えば岩の上に生きている植物によって岩石が剥げおち、もろくなり、岩が崩れおちるのは今も目にすることである。しかし、岩石を細かい粉末にするような風化による粉砕力は、長い時間をかけて、そのいわゆる機械力によって岩を粉末としてきた。水は岩の割れ目や、ひび割れの間に流れ込み、氷結して岩石を割り、氷河や山の水流は岩石を粉砕し、また地震や火山の爆発、大洋の荒波の力はすべて原初の岩石を砕いてきた。これらは私たちが生命と呼ぶものがつくられる大前提となってきた。つまり、生命の循環の中に無機物の細い粒子が入り込んできたのである。このことの詳しい説明は「微量元素—生物の健康への影響」の章にゆずることにする。

山岳の崩壊はゆっくりと起こる。私たちが肉眼で見ることができるのは、いわゆる「粗浸食」で、水、風、温度の変化によって引き起こされるものだ。例えば、砂は実際の浸食の終着点とは程遠い。砂丘や干潟の泥土は山岳の終着点だと考えることはできる。しかし、「粗浸食」のあとになって、はじめて「細浸食」がはじまるのである。この細浸食は一㎜の数千分の一にもみたない大きさの微細粒子によって終わりとなる。これらは粘土のように、肉眼では決してみることはできない。

土壌鉱物の分解は化学的な過程だけで起こるのではない。とりわけ、さまざまな微生物が力を合わせることによって起こってくる。いわゆる地殻の形成は、あえて言えば文字通り微生物による岩石からの解放のおかげである。

このことは、地球の歴史に新しい光を投げかけるものである。大地の上に生きる動植物が、そこで何かをするはるか前に、肥沃な土壌の堆積によって、それらの生活空間が整えられていたのである。まずはじめに単細胞生物が生物として出現しており、はるかに遅れて多細胞生物が舞台に登場した。これらはフランセ・ハラールによれば、腐植の中に以前から生きていた生物に適応していたに違いないという。また、岩石がすべて良い土を供給したわけではない。岩石の成分組成が問題である。原成岩は岩石として、また泥土や岩粉として、どこにでもあるわけではない。

あらゆる地域での広大な農地が、この原成岩で占められているということもない。もしも、こんな土壌が片寄った使い方や近視眼的な利用をされるなら、やがて衰え、肥沃さは失われていくことは当然のことである。現代の略奪農業がそれを示している。

1　原成岩とは何か？

原成岩とは何か、どうして生成したのか、またどんな形で原成岩が風化した状態になるのだろうか？　まず、原成岩は玄武岩、花崗岩、斑岩、輝緑岩などとして見ることができる。つまり、火山性の岩である。だから原成岩をマグマと呼ぶこともある。マグマとはギリシャ語で地球深部からの灼熱した岩流という意味あいを持つ。一つの例として、火山から流出する溶岩がある。これと関わって、岩石を地球の歴史のなかで火山の爆発で地表に出てきて、そこで固まったもの(玄武岩)、あるいは地球の内部ですでに固まっていたもの(例えば花崗岩)に分けることができる。

昔から人間は、おそらく半ば（なか）無意識に、岩石粉を畑にまいており、数百年も経ってから、その実りを受け取っていた。

2　スイスでの岩石粉の施肥

もう九〇年以上も前から、スイスでは玄武岩の粉末を施肥しはじめていた。当時の肥料業界は、農家が岩石粉末の施肥によって成功したことを知ってから、専門誌を動員し、岩石粉末施肥の価値について、さかんな論争が行われた。揚げ句の果ては、論争の決着をめぐって関係者に名誉毀損についての数年間の訴訟さえ起こった。

しかし、ひとたび、この新しい施肥方法の正しさが認識されるや、たくさんの農場が同調し、多くの地域で今日にいたるまでそれが実行されている。

3　岩石粉に含まれるミネラル

原成岩の粉末の中にどんなミネラルが含まれているかという問いに答えることにしよう。原成岩の起源と関係して（玄武岩や斑岩など）、さまざまな分析値が見られる。この点からみて、あらゆる重要なミネラルと微量元素が、どの原成岩にも含まれていると考えてよいだろう。例えば鉄は動物の血液の中で酵素の運搬に大きな役割を果たしており、赤血球にとっても主要な役割をしている。また、あらゆる葉菜は鉄の要求が大きい。また、微量元素の亜鉛は、タンパク質の形成に必須であり、さらにビタミンや酵素にとっても重要である。土壌のなかの亜鉛欠乏は植物体での亜鉛不足を引き起こし、ウイルス病の発生の引き金となる。

今までに知られているあらゆる微量元素は、何らかの形で、大切な役割を果たしている。ほとんどの微量元素はどの原成岩の中にも含まれていると見てよい。

4　ナイル河の沈泥

エジプトは歴史的に見て典型的な実例を教えてくれる。ナイル河はアビシニヤ高原から大量の原成岩の風化したものを黒い泥土として運んできた。河水はゆっくりとナイルの岸辺を浸し、数週間もかけて沈殿し、ふたたび流れ去っていく。うすい沈泥の層が、岸辺のあらゆる土壌をおおい、数千年の間、天然の健康な肥料を提供してきた。しかし、アスワンダムがナイルデルタの氾濫をさまたげることになり、農民はデルタの肥沃な沈泥を期待しても空しく、合成肥料を投入するしかなくなった。また後のアスワンハイダムにより、人為的な灌漑が農地の塩分を高め、作物は次第に育たなくなっている。エジプト農業の衰退は明らかになった。かつてバビロニア、アッシリア、そしてインカでも、岩石粉末の利用をともなった巨大な灌漑施設がつくられていた。

5　ヴァリスの「聖なる水」

古く、そして遠くを探し求める必要はない。スイスでは氷河の水を取り入れ、山岳農民の畑や草地に導入されている。ヴァリス地方（スイス南部）では「聖なる水」として知られているものがある。「聖なる水」の軍団の物語は広く世に知られている。氷河から流れ出る緑色に濁った水は「氷河乳」とも呼ばれ、まるで巨大なカンナで削ったように岩石は細い砂と泥粉に砕かれ、緑の水とともに谷間に運ばれる。これはすでに一四世紀から行われている上部ヴァリス地方の古くからの状況である。

6 リービヒと岩石粉

無機物質説の創始者であるリービヒも、もちろん以上のことはよく知っており、それに関心を持っていた。リービヒは土壌中の生物については何も知らなかったが、岩石粉の使用が農業を営むのに大いに有益であることを、その「化学通信」の中で強調している。岩石粉末を用いることにより、土壌を消耗させることなく長く肥沃に保つことができるとしたのである。

7 農地土壌は元素欠乏を起こしている

数十年、さらには数百年にわたる栽培と収穫によって、私たちの農地から重要な元素が失われるが、それは収穫物と共に土壌から持ち去られ、もう補われることができないものである。収量は低下し、病害と害虫がはびこり、やがては人間と家畜にまでも元素欠乏がひろがることになる。

「微量元素の欠乏」と呼ばれる、この生命に不可欠な元素の欠乏は、もしその土壌に腐植が不足していると、ますますひどくなっていく。十分な腐植の補給、土壌の正しい管理、正しい輪作と耕耘によって、元素欠乏はかなりの程度まで回復するのだが、その土壌に、ある特定の無機元素が欠乏していると、埋め合わせることはむずかしくなるだろう。

歴史的にみても、さまざまな植物病の原因がはっきりするには、長い時間がかかることが多く、ついに、あるいくつかの無機養分の欠乏が病気を引き起こすことを見つけることになる。例えば、ホウ素欠乏がジャガイモのそうか病の発生と関係があり、カブやサトウダイコンの芯ぐされ病、さらにはニンジンでの根部のひび割れ（裂根）を引き起こすことも分かってきた。さらに、マンガンの不足がエンバクの斑点病、石灰とチタンの不足がリンゴの斑点病と家畜の生殖不能を引き起こし、また牛の不妊は銅欠乏によることもあることが分かっている。そのほかにも、数えきれないほどの実例をあげることができる。シュワルツワルト地方では数十年にわたって牛と羊、山羊がかかる病気があり、原因不明とされてきた。リーム教授の研究によってはじめて、それがコバルト欠乏と関係があることが分かった。土壌を構成する岩石が片麻岩の場合にはコバルトが十分にあり、花崗岩ではコバルトが不足する。花崗岩の多いところでは、この恐れられる病気が発生しやすいのである。

化学分析によって有益な無機元素を完全に検出することはかなりむずかしいが、自然は原成岩のなかに、あらゆる生命体に必要なものを提供しており、それは今日といえども完全に計測しつくすことはできないと思われる。

第一四章　岩石粉を取り入れた農業

ついこの数十年前まで、スイスでは岩石粉、例えば玄武岩を一種の無機肥料として位置づけていたが、今日では、原成岩粉末を「微量元素の補給剤」と考えるようになっている。しかし、それだけでなく、岩石粉末の持つ、たくさんの利点を植物生産のためばかりでなく、明確な目的を持って使うようになっている。

とりわけ次のような利点がはっきりしてきている。

―岩石粉末は厩舎からでる廃液、厩肥、また有機廃棄物の臭いをすみやかに消す作用がある。

―岩石粉末は病虫害を防ぐ働きがある。

―玄武岩粉末は苔（こけ）の発生をおさえる。

―原成岩粉末に含まれるケイ酸塩は植物にとってきわめて有効で、菌類と害虫への抵抗性を強め、植物の成長と品質を高める。

—厩舎での衛生を良くし、蝿が減り、全体的に腐敗が少なくなる。家畜のひずめの健康状態をよくする。

1 果樹園と野菜畑での岩石粉末の影響

年間を通して岩石粉末を施している自給農園では、果樹やベリー類が健康で生き生きと育っていることが知られている。岩石粉を与えられているキイチゴは病気にかかることなく、果実にミバエがつくこともないし、力強く育ち、果実は味が良く、日持ちがよいことで知られる。蜜蜂たちは岩石粉末を与えられた樹木や灌木を好んで訪れる。花は特に強い芳香を放ち、蜜が豊富であるからだ。

スイスのある郡からの報告によると、その地方で名の売れたチーズ工場がうまくいかなくなったという。問題は厩舎からでる液肥類の処理が悪くなったこと、添加剤や無機肥料のせいであり、それによって、家畜、牛乳、そしてチーズの質が低下したからであった。しかし、岩石粉を繰り返し使用することによって、これらの欠点はなくなったという。

さまざまな意見を取りまとめてみると、岩石粉末が含む微量元素の働きが土壌を経て植物に伝わり、植物を経て家畜と人間へと伝わるということが見てとれる。

2　岩石粉末の使い方

自然界の循環の中への原成岩粉末の組み込みを考えると、もっとも正しいのは堆肥を利用するか、厩舎に散布するかだろう。まず最初に、岩石粉末は腐敗をおさえるので、悪臭をおさえることになる。また、原成岩粉末は直接、地表に散布することもできるし、地中にすきこんで植物に与えることもできる。一〇〇〇㎡当たりに二〇―三〇kgを二、三年ごとに散布するとよい。

イチゴの例では、粉末を直接に植物に散布することもできる。また新しく栽培するときには、浅く土に鋤き込むことになる。エンドウ、ソラマメ、ニンジンなどでは種子にまぶすことも行われるし、堆肥といっしょに地表に浅く混入する。スグリ、ラズベリーなどでは、樹木にじかに散布することもある。新しく植栽するときは、土と岩石粉末をよく混和し、苗木を植えるとき、さらに岩石粉末を根株にふりかける。

3　原生岩粉末の働き

――土壌のなかでの養分の流亡をおさえる。

―熟土形成をよくし、安定した養分と水分の状態をつくり出す。

―腐敗過程をおさえ、有機物の腐熟を早める。

―土壌のなかに微量元素と粘土鉱物を増やし、土壌生物の活性を高める。

―岩石粉末を与えられた園芸用地では、堆肥との混入であれ、地表処理であれ、健康で食味がよく、日持ちのする収穫物を生み出す。

4 施用量と施用法の目安

堆肥に添加するときは、一〇〇kgの堆肥に五―七kg。

果樹園に施す場合は、一〇〇m²当たり一〇―一五kg。

粉末として葉面散布するときは、一〇〇m²当たり一―二kg。

水を加えて与える場合は、一〇ℓの水に〇・三kg。

厩舎に散布するときは、大型家畜一頭につき、一日、〇・五kg。

採草地には、一年につき、ha当たり五〇〇kg。

ムギ作と中耕作物にはha当たり年間、八〇〇―一〇〇〇kg。

トウモロコシには、ha当たり年間、一〇〇〇―一二〇〇kg。

5　破砕したものか、粉末にしたものか？

よく聞かれる質問がある。微粉末のほうが、砕いただけの岩石細粒よりも効果的かどうかというものである。玄武岩でいえば、粒状玄武岩と玄武岩粉末の違いである。粒状のものは、原石を砕いたもので、篩を通さないで、直径が二㎜ぐらいである。これはバラ積みにして貨車で運べる。

玄武岩粉末は粉砕機を通して得られ、袋詰めして輸送される分、若干割高である。粒径は〇・〇九㎜程度である。粒状のものは土壌の中でゆっくりと風化し、砂質土壌に向いている。

岩石粉末は、その微細な粉末のせいで、大きな表面積を持っており、その含む元素は流出が早く、自然の風化過程を短縮してくれる。細粒であれ、微粉であれ、その価値ある成分に違いはない。微粉は植物にとって早く可溶性となり、利用されるのが速くなる。植物は根から有機酸を出し、岩石を溶かす。出てくるのはクエン酸が主だが、その他の有機酸も放出される。これらは花崗岩や石英をも溶かす。

第一五章　微量元素
——生物の健康への影響

数十年以上の研究の結果、人間はほぼ五〇種の異なる化学組成の物資を健康維持のために取り入れなければならないことが分かった。それぞれの物質を最適の状況で摂取するためには、異なった量の設定が必要なことも分かってきた。

食物の補給では、量的にみてエネルギーを補給する三群の物質が重要である。つまり、炭水化物、脂肪、タンパク質である。現在、正しく認められ推奨されている毎日の養分の供給は次のようである。

炭水化物：三五〇g、これは全必要エネルギーの五八％に当たる。

脂肪：八〇g、全エネルギーの三〇％になる。

タンパク質：七〇g、全エネルギーの一二％に当たる。

つまり毎日、エネルギーを供給する基本栄養物質として、ほぼ五〇〇gが必要である。

一方、この三つのエネルギー供給源に対して、なお一三種のビタミンと、一五種以上のミネラルが対応している。ビタミンの必要量として毎日、一〇〇㎎程度、ミネラルの必要量としてはほぼ一〇ｇであるが、それはビタミンの必要量のほぼ一〇〇倍である。

この一〇ｇのミネラルは、七つの重要な物質、つまり、カリウム、ナトリウム、塩素、燐、カルシウム、マグネシウム、ケイ素で、その大部分を占めている。

そのほかに、わずか四〇㎎（必須ミネラルの二五〇分の一）の微量元素が毎日の必要量である。その内、亜鉛、鉄、マンガン、そして銅が大部分を占める。

忘れてはならないことだが、人間の栄養素の研究はまだ発展の途上にあるということだ。一九世紀になってやっと、炭水化物、脂肪、タンパク質がエネルギー源として認められるようになったのである。そして、タンパク質が二〇を少し超えるアミノ酸から構成されていることは二〇世紀になって発見されている。

タンパク質研究とならんで、一九一二年以降、ビタミン研究もかなりの速度で進みはじめた。一五種のビタミンの最後のものとして、ビタミンB_{12}の構造と、その合成の解明がビタミン研究のハイライトとなった。ビタミンという概念のもとで、食物の構成元素を理解するとき、それはエネルギーを供給してくれるものではないが、物質代謝の正しい進行のためには不可欠なものであるということが分かったのである。ビタミンは細胞のなかで、酵素の構成元素として働き、あるいは物質代謝のなかで直接に特定の地位を占めている。B_{12}以外のビタミンは、動物と人間の体内では合成されず、植物や低次の生物、例えば放線菌によってつくられている。しかし、ミネラルなしではビタミンはどんな機能も発揮することはないし、ビタミンがなかったら、何事も進まないのである！

長い、そして実り多い集中的なビタミン研究は今や成功の中に幕を閉じつつある。一方、微量元素の作用については、この時期にはほとんど報告がなされていない。その大きな理由は、微量の金属の分析法がまだ不十分だったためと考えられる。

私たちの健康にとって、さまざまな微量元素と、その作用に取り組む前に、まず何故、高等生物が多様な養分をこんなに多く必要としているのかという問題について考えてみたい。この地球上の生命体の遺伝的な発展(進化)にもとづいて考えるなら、この問題はさらに明らかにされ、さらには人間の未来についても何らかの推論をすることができるだろう。

専門家は地球の歴史を四五億年ほどと推定している。陸地と海岸とは二〇—三〇億年前にできたと考えられる。それ以来、大気と海洋の組成はほとんど変化していない。

地球上の最初の細胞の形成は、その当時、海水に溶けていた、ありとあらゆる化学物質を含む環境の中で起こった。今日、これらの海水中の物質の種類と濃度については、すっかり分かっている。海水中には、大量の微量元素が溶けている。また現在までに知られているあらゆる物質、例えば金、ウラン、コバルト、バナジウム、銀、ニッケルといったものまで、微量ながら海水中に存在する。

その後、次々と発生してくる生物種に対して、海水のなかにあるすべての既知の元素が生物のタンパク化合物の構成のための材料として、はじめから用意されていたのである。こんなことによって、細胞のなかの高分子の進化に対して決定的な影響が起こったのである。単細胞の生物からホモ・サピエンスへの進化は、もし化学的にまったく違う環境条件のもとであったなら、おそらく不可能だっただろう。人間は無機物質と微量元素については完全に自然の産物に依存する存在となったのである。人間を含め哺乳動物の血液と海水とはおどろくばかりに似た組成を持っている。この点から、おそらく生物は海水とよく似た環境のなかで発生し、進化してきたものと思われる。さらにつけ加えるべきことがある。生物をとりまく自然環境は、原初のはじめから、今日の科学が生命にとって不可欠だと認めているものよりも、さらに多くの元素を含んでいるということである。どんな微細な生化学的反応過程でも、そこには現在のところ人間にとって特別な意義がないと決めつけられているような元素も関係していることが認められる。

農芸化学は大きな失策をしている。一番よく使われる元素（つまり主要養分）が一番大切だと考えたのである。しかし、生物での物質循環では、ある希少微量元素の少数の原子が数キログラムのカリ、リン酸、カルシウムよりも重要であることがある。そうなると、例えば非常に重要な生命循環が成立するために、防除アルカロイドができるとき、つまり防御機構が働くとき、まさにこのための希少元素が欠乏しているということもある。

1　そもそも微量とはどういうことか?

かつては、さまざまな食品のなかの希少元素の痕跡を呈色反応によって調べていたが、確かな分析のためには、分析方法の正確さが不十分だった。今や感度の高い定量方法が可能となり、特に金属についてごく微量のものをとらえることが可能となった。これは原子吸光分析装置などを含む機器の大きな発達によるものである。

例えば、一〇億分の一という、把握の限界にまでたどりついている。つまり、熟練した分析者が食品のなかに金属(微量元素)の存在を正確に測定するのに、一万トンの材料の中に一gの微量元素が万遍なく分散しているのを検知することができる。言い換えると、一〇〇gの食品のなかに一億分の一gの微量元素を検出できることになった。これを原子の数で表わすと、一億分の一gの試料のなかに、一〇一四の原子が含まれているのである。人間の体内について考えてみるなら(キーファーの算定による)、そこには亜鉛だけをとりあげても一〇二二の原子が存在する。

別の例を考えてみよう。放牧家畜では銅の不足によって重い代謝障害が起こりうる。この病気は、ある例によると、ha当たり七kgの硫酸銅を散布することで軽減される。この量の硫酸銅では、牧場の二〇cmの表土の中の銅を一〇〇万分の一だけ増加させることができる。コバルトでも、土壌のなかの含量は一〇〇万分の一で効果が現れる。

2 物質元素の分類

元素全体は二つのグループに区分できる。金属と非金属である。高等生物はほとんどが非金属から成り立っている。人間では水素、炭素、チッ素、酸素、リン、硫黄、塩素で体重の九八・一%が占められている。これに対して、金属は全体の一・九%である。また本来の微量元素は〇・〇一二%、成人体重を七〇kgとして、八・六gとなる。しかし、この八・六gというわずかな部分は考えられないくらいの規模で生体内の現象を支配している！　しかしまた、生命にとって不可欠な微量元素のいくつかは毒性のあるものとしても働く。

微量元素の人間への供給は食物と飲料水による。その後、血流のなかに入った微量元素は主として、いわゆる搬送タンパク質と結合する。このタンパク質は微量元素を、まず作用部位、あるいは貯蔵器官で放出する。この貯蔵器官は多くの場合、骨である。

3　主要元素の機能

この章の第一部では、微量元素の多様性と問題点を段階的に説明した。それに続いて、主だった元素の、人間、動物、そしてその関連で植物での機能を書いてみることにする。これらの元素はすべて何らかの形で重要な機能を担っている。私たちの生活の中で特に大きな意味のないものは省いた。

マグネシウム

まず、金属で、いわゆる主要養分と言われるものと、本来の微量元素との中間の位置にたつマグネシウムから始めよう。マグネシウムは、その半ばは骨の組織のなかに組み込まれており、その他の部分は細胞のなかに溶けている。

マグネシウムの一部はタンパク質と結合している。マグネシウムのイオンは体内のあらゆる酵素反応に関係しており、タンパク質の合成、そして植物のクロロフィル形成と植物体内でのリン酸の利用にとって不可欠である。

エーレンフリート・パイファー（アメリカ）は次のように言っている。「石灰、マグネシウム、カリ、そしてホウ素の間のバランスは非常にデリケートである。石灰施用と、かたよったチッ素、リン酸、カリ（NPK）を施肥すると、それだけでマグネシウムの働きが変化する。またマグネシウムは人間のホルモンや酵素の代謝での鍵をにぎっている」。

農地でのマグネシウム含量は常に大きく変化している。これと関係して、人間の食物のなかのマグネシウム欠乏はさまざまな病徴、たとえば心臓の病気、血圧の上昇、睡眠障害、抑鬱症状、さまざまな痛みの原因となっている。この点から、マグネシウム製剤がしばしば心臓病の治療に使われるのを理解することができる。オランダの研究者たちがすでに一九五六年に明らかにしているが、飲用水のなかのマグネシウムの不足、またマグネシウムの拮抗元素としてのカリの利用が、癌の発達を促していると考えられている。人間の毎日の食物のなかのマグネシウムの不足は、全粒パンと野菜の消費の低下と直接の関係がある。これらの食品は大切なマグネシウム源だからである。残念なことだが、私たちの食品のエネルギーの六〇％は砂糖、アルコール、精白粉、脂肪によって占められている。これらは実際上、マグネシウムを全く含んでいないのである！　動物についての試験で分かったことだが、動物の妊娠中のマグネシウム欠乏は子孫の奇形を生み出すことがある。

亜鉛

亜鉛の必要性は、まず最初に一種の微生物、つまりアスペルギルス・ニゲルで発見された。この糸状菌の発育は、もしも亜鉛がないと不可能だった。この微生物では鉄と組み合わさって亜鉛が働くことも分かった。鉄がないと、たとえ高い濃度の亜鉛があっても、もはや発育は進まない。

微量元素としては異常に高い二、三gという人体内の亜鉛含量は、この金属が生体に持つ重要性を思わせる。

亜鉛がないと生体内ではどんなことも機能しない。おそらく、亜鉛はほかのどんな元素よりも高い生物的反応を引き起こしているように考えられる。例えば、六〇以上の酵素の機能は亜鉛と関連して起こることが知られている。とりわけ重要なのは細胞内でのタンパク質合成の場合である。また、十分な亜鉛があれば、生きた細胞はバクテリアやウイルスの攻撃から身を守ることができる。

言い換えれば、土壌中の亜鉛は食物を経由して人体細胞の抵抗性機能を高める役割を果たしているといえよう。

ところで、亜鉛はどのようにして土壌中に現れるのだろうか？　その一つの道は、十分に通気された堆肥のなかで繁殖する糸状菌が亜鉛を多く含むことである。反対に酸素の不足による腐敗は亜鉛の不足を引き起こし、それはウイルスを呼び起こし、最後には「害虫」の被害が起こる。

あらゆる生命維持過程を深く考えてみると、亜鉛欠乏が、人体内で、例えば次のような病的現象を引き起こすことを説明することができる。食欲不振、脱毛、皮膚障害、精力減退、その他である。また、ストレス、手術、麻酔などでは、異常とさえいえる亜鉛不足を引き起こす。その結果、傷口治癒の遅れ、指爪の白斑、免疫力の低下、リュウマチ性関節炎などが起こりやすいことが分かっている。

十分な養分を持ったコムギからつくった全粒パンの一〇〇gのなかには、五五mgの亜鉛が含まれているが、精白粉には二mgしかなく、二七分の一の亜鉛含量である！　亜鉛をたくさん含むものとしては、魚介類のカキ、硬骨魚類、タラがある。

さらに亜鉛には、毒性のある重金属にたいする保護作用がある。腎臓を痛め高血圧を引き起こすカドミウムに対しては、その拮抗元素として亜鉛がその毒性を低下させる作用がある。

果樹栽培でも亜鉛欠乏は大きな問題である。もっとも重大な亜鉛欠乏症として新梢と葉の生長抑制があり、また若い枝先の枯死、葉の白化も起こる。トウモロコシでも亜鉛欠乏によって茎葉の白化や壊死が起こる。

トマトでは、亜鉛不足により葉の矮化（小型化）、葉先の巻き込み、白化が起こる。さらに、亜鉛欠乏によって葉緑素が障害を受け、光合成の機能を低下させることが分かっている。

鉄

人間が生きるためには鉄が必要なことは古くから知られていた。人間の身体は、非常にたくさんの鉄を含んでいるので、それによって五gの針をつくり出すことができるほどである。鉄は物質代謝のなかでさまざまな生理的機能を果たしている。人間の身体が含む鉄の大きな部分、ほぼ七五%は赤血球のなかのヘモグロビンの形で体内をたえず循環している。

鉄がないと、肺からさまざまな器官や筋肉に酸素が送り込まれなくなり、あらゆる哺乳類は生きることができなくなる。また、植物のなかでは、鉄はそれを含む酵素として存在し、その酵素は光合成、つまり食物の生産に関わりがある。つまり鉄がないと、地球上の動物や植物は生きていけない。鉄が欠乏すると、植物では特徴的な欠乏症状があらわれる。とりわけ、その葉は黄化する。

さまざまな作物に鉄欠乏がみられるが、たいていの場合、土に鉄が不足しているからではなく、植物が吸収できない形の鉄になっている。こんな状態はリン酸を与え過ぎたり、土のpH値が高い場合に起こる。これによって水に溶けないリン酸鉄や水酸化鉄が生じるからである。有酸素呼吸を調節する呼吸酵素の形成に鉄が関係するので、鉄は特に重要である。植物と動物の呼吸の九〇％には鉄が関係している。しかし、この呼吸に関係する鉄の濃度はきわめてわずかで、細胞を構成する生体重、一〇トン当たりに必要とされる鉄はわずか一gである。

さらに付け加えておくべきこととして、植物界での鉄を含む色素の存在がある。それは動物の持つヘモグロビンに非常に近いもので、レグヘモグロビンと呼ばれているが、マメ科植物に寄生するチッ素固定バクテリアのなかに存在する。この色素は、〇・三四％の鉄を含み、バクテリアが空中チッ素を固定するときに必要である。大気中の酸素は、このヘモグロビンと高い親和性を持っている。

一酸化炭素は酸素とヘモグロビンの結合を解除し、酸素のかわりの位置を占めることができる。これによって血液と組織とは酸素欠乏となり、窒息死におちいる。破傷風の組織がその例である。だから鉄欠乏は血液の産出を低下させ、貧血を引き起こす。その典型的な症状は皮膚が青白くなり、食欲の減退、全身の衰弱が起こる。

人間と動物に対する鉄の補給では他の微量元素のような問題はない。食物を通じて身体は十分な鉄の量を補給することができる。他方、赤血球の減少の場合は、そのヘモグロビン分子から放出される鉄は新しく形成されるヘモグロビン分子の生成に利用される。

例えば年に四回、規則的に献血する人は、できる限り鉄を補給することにつとめるべきだろう。また女性は男性よりも摂取する食物が少なく、例えば鉄は一日に約一一㎎であるが、男性は約一七㎎とみられる。それに加えて月経により、女性は運命的に鉄欠乏になっている。これに対して何らかの対策が必要である。

マンガン

マンガンは植物のさまざまな酵素を活性化するので、物質代謝にとって重要である。マンガン欠乏がエンバクの錆病を引き起こすことはよく知られている。この場合、土壌にマンガンを施用することは効果的である。

農業分野で特に世に知られているマンガンの欠乏症は家畜の流産である。場合によっては、非常に虚弱な子牛が生まれてくる。同厩舎の同年齢の牛でもマンガンの十分にある土壌で育った牛の母乳で育てられた子牛は健康に育つ。

人間の身体は二〇㎎ほどのマンガンを含む。マンガンの主要供給源は全粒粉の穀物、胚芽、ナッツ類、カカオ、そして茶である。

マンガンを豊富に含む植物は、バラ科、ナデシコ科、ウマノアシガタ科のものがある。反対にマンガンの少ないものはアブラナ科である。植物にマンガンが不足してくると、特有のマンガン欠乏症状が現れる。マンガンは他の元素で代替することはできない。アルカリ性の土壌ではマンガン欠乏が起こりやすく、反対に酸性土壌では過剰がみられる。酸性領域では中性やアルカリ土よりもマンガンが溶け出しやすい。マンガンが不足した植物では、とりわけ萎黄病（白化症状）の斑点が葉にみられ、サトウダイコンなどに発生する。

森林の枯死についていえば、酸性雨が酸性土を生み出し、酸性土はマンガンの過剰を招き、針葉樹や広葉樹の森を枯死させる。

植物のマンガン吸収には、鉄塩が特別の役割を果たす。鉄の不足はマンガンの過剰を引き起こし、鉄の過剰はマンガンの欠乏と並行して起こる。

銅

植物、動物、人間、そして微生物での物質代謝反応の、あらゆる領域で大きな意義を持つ重要な酵素の働きを銅は助けている。銅が不足すると、手近な例をあげれば若くして毛髪が白くなることがある。銅の不足している土壌はますます増えている。アンモニアを含むチッ素肥料が過剰になると、土壌の銅不足を引き起こすからである。

骨折と筋肉の麻痺は銅不足のせいで起こる。そして、鉄不足だけでなく、銅の不足もまた貧血を引き起こす。植物のなかではクロロフィルの分子にマグネシウムが組み込まれるのを銅が促す。牛乳は銅含量の少ない食品であり、粉乳だけで栄養をとっている乳児は銅欠乏症がひどくなることがある。アフリカ向けの粉乳の給与がそれを示している。

土壌と植物は十分な銅を含んでいるが、またモリブデンを過剰に含んでおり、モリブデンは銅の生化学的拮抗体(アンタゴニスト)なので、間接的に銅不足を引き起こす。

「土壌のミネラル組成が乱れてくると、食物を通して血液中のミネラルの均衡も乱される」と著名なフランスの研究者ヴォアサンは言っている。

そもそも病気は、土壌の持つ元素の調和が乱れることによって起こることが多い。例えば羊は銅の供給が少ないことに敏感に反応し、クル病の症状と貧血を起こす。牛と羊は銅含量の少ない放牧地で飼育されると一種の地域病にかかる。それにより急速に体毛が抜け落ちて、やせ衰える。

各種の植物の銅の含有量はその土地の土質によって異なる。植物による銅の吸収は石灰質の岩石からなる土よりも、火山性の土壌のほうが多い。一般的に植物は銅に対してきわめて敏感である。一例をあげると、ある種の藻類は一千万分の一%の銅ですでに生長が抑制される。コムギでもごく低い濃度の銅によって生長が妨げられる。

銅の不足によって、いわゆる開墾病なるものが起こることが知られている。トマトでは銅欠乏によって葉の先端が巻きこむのが見られる。銅は可溶性の二価の鉄を不溶性の三価の形に酸化すると考えられている。

コバルト

人間の体はわずか二、三㎎のコバルトを含んでいるが、この微量元素は生命維持になくてはならないビタミンB_{12}の形成に不可欠なのである。またコバルトはモリブデンと共に、植物界での根瘤菌、アゾトバクター、さらには藻類による空気中のチッ素の固定に大きな役割を果たしている。

反芻動物にとっても、コバルトは大切な飼料成分である。第一胃(ルーメン)のなかの微生物は、コバルトをビタミンB_{12}に組み込んでいく。肉、肝臓、乳はとりわけ良いビタミンB_{12}の供給源である。岩石粉末を施用するとき、花崗岩にはコバルトが少なく、玄武岩にはコバルトが豊富にあることに注目したい。

モリブデン

モリブデンが生物的機能を持つことが初めて分かったのは動物の栄養問題からであった。モリブデンが過剰にある土壌の上に育つ家畜にはしばしば銅欠乏が発生しており、このモリブデンの有毒な作用は銅と硫酸塩を施用すると除くことができる。

人間のモリブデン必要量はごくわずかであり、モリブデン欠乏症の報告は知られていない。しかし、人間へのモリブデン、鉄、銅の供給と痛風の発生との間には関連があることが分かってきている。モリブデンは主として腎臓、肝臓、脾臓に蓄えられている。

マメ科の植物にはモリブデンが多く含まれている。共生的なチッ素固定のために不可欠なのである。また微生物では、アゾトバクター・クロオコックムのような非共生的にチッ素固定をするバクテリアもモリブデンを必要とする。これらの働きがなければ、地球上で植物性タンパク質が生成されることはないだろう。だからモリブデンは地球上の生命の鍵となる元素の一つなのである。モリブデンがなかったなら植物と動物の進化は決して起こらなかっただろう。

フッ素

人体は八〇〇㎎ほどのフッ素を含んでいる。主として骨の中にフッ素がある。フッ素化合物は飲料水の中にもある。水源の質にもよるが、水には一ℓ中に二㎎近くのフッ素が含まれている。紅茶は一〇〇g当たり、一〇㎎のフッ素を含み、食品のなかでも、もっともフッ素含量の高いものである。一方、フッ素含量の高い飲料は、歯のホウロウ質の光沢を失わせる。また手足の爪に生じることのある斑点はフッ素過剰による場合がある。しかし、フッ素の不足は歯のカリエスの原因の一つになる。

セレン

セレンは「新しい」微量元素の適例である。以前には毒性があり、好ましくない物質とだけみなされていた。研究のなかで、セレンが癌を発生させたり、カリエスを促したりするような作用が分かってきたからである。しかし、それはkg当たり六〇mgともなるセレン含量の高い土壌地帯でのことで、こんな土壌は南アフリカ、イスラエル、オーストラリアの一部の土壌にみられる。

しかし、今やセレンが人間の生命にとって必須な元素であることが分かってきた。人体はわずか一二—一五mgのセレンを体内に持っているだけだが、明確な作用を持っている。セレンは癌の発生を抑えることが分かってきたのである。アジアにおける癌の発生が低いのは、そこでのセレンの消費が二—四倍も大きいことと関連があるともいわれている。またセレンが不足すると高血圧を促すことも分かってきた。セレンは体内のほう素を活性化し、細胞分裂の過程を調節するともいわれる。またセレンは免疫系を活性化することも分かっている。さらに酸性雨、化学物質、化学肥料は植物がセレンを吸収するのをさまたげるという研究もあるし、水銀やカドミウムのような重金属が細胞の間の情報伝達に果たすセレンの役割を阻害するともみられている。

現在、セレン研究は盛んになっているが、セレンの生化学を探求することは、土中に針をさがすような労の多い仕事であり、現在でも、そのごく一部分が明らかになったに過ぎない。

ヨード

鉄とならんでヨードは、微量元素として以前からよく知られている。甲状腺腫と食物の中のある種の養分の欠陥との関係はギリシャ時代から知られていた。ほかの微量元素と違って、ヨードはただ一つの特殊な機能を果たしている。ヨード原子は甲状腺ホルモンのなかの成分の一つとして、その九九％が甲状腺のなかにだけ存在している。このホルモンは、あらゆる器官と細胞のなかの物質代謝機能の速度を調節している。甲状腺腫は、ふつう長期にわたるヨード欠乏の結果として起こる。山岳地帯では、その土地で生産される食品からのヨードだけでは、甲状腺腫をおさえる程度にまで十分ではないのである。しかし、食塩にヨードを添加することによって甲状腺腫を抑えることができる。いくつかの離れた山地の谷間などでは、ヨード不足の激しい形として甲状腺腫が起こり、クレチン病と称されている。この病気にかかった場合、成長がとまり、知能の発達が遅れることがあるのがみられる。

4　ケイ素、カリ、リンの機能

ケイ素、カリ、リンの三つの元素は主要無機元素に属しており、微量元素には数えられていないが、人間の健康にとって特別に重要な役割を果たしているので、引き続き、検討のなかに組み込んでおきたい。

ケイ素

ケイ素は地殻のきわめて重要な成分の一つである(ほぼ二八%)。植物のなかでは保護組織として重要である。また動物では結合組織の成分である。人間の場合、年齢が進むのに応じて動脈や皮膚のケイ素含量はしだいに減っていく。ケイ素の供給が不十分だと(例えば精白粉の常用など)、関節、動脈、結合組織の老化が早まる。穀物のヌカやフスマは不消化物であるが、良いケイ素供給物である。

ケイ酸{$Si(OH)_2$}は生物的元素で、ケイ素の含水酸化物である。いろいろの主要食品、とりわけライムギ、エンバク、コムギ、オオムギなどの穀物はケイ酸を豊富に含んでいる。現代人の食物は、しばしばミネラルの不足した土壌で栽培されており、いわゆる「文明的な食品」は、はじめからケイ素が不足している。ケイ素という物質は、植物、動物、人間の健康で力強い成長にとって重要で不可欠なものである。

自然界でのケイ酸塩の大切な機能は、粘土鉱物の生成である。これがなかったら、土というものは決して生成することも肥沃になることもない。

現在のところ、岩石粉末は軽質土の粘土結晶を改良するのにすぐれた材料である。ケイ酸が豊富な岩石は酸性である（例えば花崗岩など）が、ケイ酸含量の少ない岩石として閃長石、閃緑岩、玄武岩、輝緑岩などはアルカリ性である。

カリウム

カリウムは、さまざまな酵素の活性化に必要だし、さらには神経の興奮、神経の刺激について大切な役割を果たす。長い間、カリウムの補給が低下すると、食欲の消失、筋肉の弱化、心臓機能の低下など生命に関わる状態を引き起こすことになる。一方、カリウムの過剰も危険で、筋肉の痙攣、心筋梗塞にいたる。カリウムの主な供給源は果実、野菜、穀物、ジャガイモ、牛乳などである。

畜産の場合、放牧地や採草地の牧草にしばしば厩舎から出る液肥を与えすぎることがあり、その結果、カリウム過剰となる。牧草やイネ科の野草はカリウムの吸収が速く、その結果、植物は短期間に大量のカリウムを集積することになる。これによって、草地病（グラステタニー）といわれる筋肉の強直が起こり、家畜はひどい苦しみを受け、時には心臓障害で死にいたる。

このグラステタニーは、またマグネシウムの欠乏によっても起こる。というのは、カリウムの施肥は同時にマグネシウムとカルシウムの吸収を阻害する傾向があるからである。

グラステタニーの効果的な処置は、その家畜にマグネシウム塩を静脈注射することである。

グラステタニーは、またチッ素を与えすぎることによっても発生するが、体内イオンの不均衡によって起こるのであり、マグネシウムイオンとの関連で、血液中のカリウムイオンの濃度が高すぎることにより、呼吸器官の麻痺が生じるのである。

しかし、マグネシウム塩の注射よりもカリウムを制限するか、小分けして与えるほうがよい。それによって家畜の健康がはるかに良くなるからである。マグネシウムの役割に対しても、そこで説明した重要な文明病の問題のことをもう一度考えてほしいものである。

リン酸

人体のリン酸含有量は高い。体重七〇キロの一％に当たる七〇〇gもある。その内、六〇〇gは骨の中でカルシウムと結合しており六〇gは筋肉、そして残りが脳の中にある。リン酸は遺伝子を担う核酸の構造体（リング）として大きな役目を果たす。リン酸がなかったなら、生命の発達、つまり進化は考えられない。

平均的な人間でのリン酸の取り入れは、この二〇—三〇年の間に大きく増えている。しかし、このことはカルシウムの摂取を抑制し、酸、アルカリのバランスを酸性側に傾かせて血管病を引き起こすことになる。

ハム、ソーセージ、プロセスチーズ、クリーム、プディング、またコーラ飲料は添加されたリン酸を含んでいる。健康のことを考えた摂取の制限が必要だろう。

5　健康を害するさまざまな微量元素

ある量をこえた摂取が生体をひどく傷つける元素としては、鉛、水銀、カドミウムがある。鉛は五千年も前の古代エジプトではよく知られていた。鉛は水道管として、また容器として使用されていた。またローマ帝国では鉛白（炭酸鉛）は化粧品として利用されていた。現代での重要な用途としては石油のなかのテトラエチル鉛、防錆色素としての鉛丹、ガラスやセラミックの彩色、自動車のバッテリー用などである。

水銀はいたるところで痕跡としてみられる。水銀は今日では鉛やカドミウムよりも毒性ははるかに少ないことが分かっている。海水はいつも微量の水銀を含んでいる。このことは、博物館の魚類の標本や、化石化した堆積物のなかに見られる。しかし今日でも、毎年、数千トンの工業からの水銀が水域で検出されている。バクテリアは、これをメチル水銀に変化させ、それは魚類の脂肪組織のなかに溶け込む。そうなると、水銀そのものよりもはるかに有毒となる。メチル水銀はとりわけ神経と大脳に損傷を与える。

カドミウムは金属の防錆剤となり、うすいコーティング材料として工業界で使用されている。

また電気メッキからの廃棄物から出るカドミウムは第一級の環境汚染物質となる。下水汚泥には一般的にカドミウムが含まれているので堆肥などの材料には使うべきではない。

カドミウムは人間の健康にはたいへん有毒である。腎臓で濃縮され貯えられるが、そのとき、生命にとって不可欠な酵素から亜鉛を流亡させる。それは血圧の上昇を招き、脳卒中や動脈硬化を引き起こす可能性がある。

カドミウムは人間と動物にとって潜在性の毒物である。残念ながら今日ではさまざまな食品やタバコがカドミウムを含んでいる。また、缶詰(内部被覆剤)、種々の包装材、アイスクリーム、コーラ、インスタントコーヒー(製造機械から出る)、バター(電気メッキした集乳缶)などである。

タバコの煙は〇・〇〇一mgのカドミウムを含んでいる。ヘビースモーカーがタバコを吸うことにより、一年間にして五mgのカドミウムを吸い込んでいる。それは毎日、一五本のタバコを吸っていることになる。一〇年から二〇年の間にカドミウムによる高血圧を引き起こすのに十分な量である。残念なことに、受動的喫煙者もその被害を受ける。

6　有機農業での微量元素の役割

取りまとめて言えば、微量元素はあらゆる生命活動の網目のなか深くに入りこんでいる。例えば血液のなかで鉄が酸素を運んだり、あるいは生きた細胞を細菌やウイルスから保護し、価値あるタンパク質をつくり出すのに亜鉛が役立っていることなどである。人間への微量元素の供給は食物と飲料水を通じて行われる、つまり、何よりも土壌と腐植を経て農地が生み出すものによるのである。

土壌が微量元素の欠乏を起こさないようにするには、どんな手段が必要なのだろうか？　そもそもどんな方法が可能なのだろうか？　まず第一に考えられるのは、水溶性の塩類という形で、土壌に与えることはとてもできないということだろう。主栄養素（カリ、リン、チッ素、カルシウムなど）の配分すらも簡単ではないのに、微量元素の量を振りわけることなど、不可能ではないにしても、きわめて困難である。そして、たった一つの元素のわずかの過剰施用をしても、植物のなかでのあらゆる無機物質の代謝を狂わせてしまうことが起こりうる。なぜなら、植物に必要な微量元素がそろっているだけではなく（必須微量元素がどの程度必要かも完全に分かっているわけではない）、微量元素がある特定の比率で存在していなければならないのである。

しかし、この特定の比率というものはひどく入りくんでいるので、それを明かにすることはとうていできない。さらに微量元素は互いにいわゆる拮抗状態、つまり反対する作用に依存しており、これがまたひどく複雑で、分量を決めて与えることを不可能にする。

いくつかの例をあげれば分かりやすくなるだろう。例えば次のようである。

―カリを多く与えるとマグネシウム不足を引き起こす。だから、養分のなかにマグネシウムが欠乏しても当然のこととなる。

―チッ素を多用すると、銅の欠乏症状が起こる。

―カルシウムの多用はモリブデンの吸収を高める。

―リンの多用は鉄、銅、亜鉛の吸収を抑制する。


似たような実例はいくらでも続けることができる。この時、ついでに言っておくと、身体のなかで、ある元素が腸に吸収されたあと、いくつかの元素が反対に阻害されたり、押しのけられたりすることもある。例えば次の例がある。カルシウムの過剰は亜鉛の不足を、マンガンの過剰はマグネシウム不足を、マンガンの過剰なマグネシウムの不足を、そして亜鉛の過多は銅と鉄の不足を引き起こす。

7 農業の現場にはどんな状況が見えるか?

数十年、あるいは数百年も作物の収穫を続けることにより、土壌のなかでは、いわゆる微量元素として知られるものが欠乏しはじめる。収量は低下し、病害、さらには虫害が現れはじめ、やがて元素の欠乏症状が人間と家畜の上にも起こってくる。

慣行農業では、施肥、とくにチッ素の施用を強めることによって、この状況ははっきりとしてくる。それに加えて、腐植の供給が不十分になると、状況はさらに悪くなる。数千点の土壌のサンプルが示してくれることだが、微量元素の供給の低下が広がっているのが見てとれる。例えば銅の持つ意義がよりはっきりしてくるばかりでなく、亜鉛とマンガンの不足も明白になってくる。

現在、慣行農業では微量元素の施用が推奨されている。しかし、相も変わらず部分的ではあるが、ひどく不明確な施用法がみられ、時には微量元素の正しい利用についての誤った考え、とくに葉面施肥についての考え、が広く見られる。

微量元素の施用の現状についての問題点を次に述べておこう。

―急性の欠乏症状で、植物体上でそれとはっきり分かるもの。

―明確な症状のない潜在性の養分欠乏。これは潜在欠乏と呼ばれている。例えばマンガン欠乏は化学分析ではじめて確認できる。

ムギ作では、たいていはマンガンの補給に気をつけるようになっており、ジャガイモやテンサイなどの中耕作物では、マンガンとホウ素の補給が注目されている。また砂質土壌では銅と亜鉛の供給に注意が払われている。

マンガンは、ワラや緑肥を施用したあとで一番少なくなることがある。そのほか、マンガン欠乏は土壌が中性のときに、しばしば見られる。それと様相が似ているのは貝殻石灰を施用したりしたときや、pH値が高い赤土の場合に見られる。

微量元素は、根に与えるよりは、葉に与えたほうがよく効くと考えられているが、しかし、葉面施用には問題がないわけではない。ムギ作で、銅やホウ素を葉面散布するとき、毒性を示すほど濃度が高まることがある。土壌検定によって、決定的なまでに微量元素の欠乏が分かったときでも、それを葉面施用によって治したり、軽減させたりはできない。もっと基本的な対策が必要である。

市販の肥料のなかに、微量元素をある種の金属との合金にしたものが売られていることがあるが、これは水には溶けず、土壌微生物によって分解されねばならない。

有機農業で、微量元素を実際に利用する時、危険がなく供給するにはどうすればよいのか？土壌に必要な微量元素をすべて供給するためには、どんなやり方が必要なのだろうか？　一番よい解決方法は、その農業経営体の中に異物をまぎれ込ませないような閉鎖系とすることであって、それによって、植物が土壌から吸収する養分を繰り返し、そこに戻すことだろう。そして、酸素を十分に含ませた肥料（例えば、厩肥、液肥や堆肥など）は、この課題を完成させてくれる。あらゆる種類の化学的製品は毒物であり、合成化学肥料と、購入濃厚飼料から出てくる抗生物質は農業経営体の循環のなかに深刻な障害を引き起こす。素性のはっきりしない購入飼料は、有害な抑制物質を含んでいる疑いがある。豚の飼料のほぼ四分の一は、国外、とりわけアメリカとブラジルから来るし、鶏の場合では飼料の半分がそうである。

有機農業では、微量元素や、その他のミネラルは、岩石粉末と海草石灰から土壌に与えられる。これらの資材も、できれば一度、厩舎に散布するか、堆肥に添加してから使用するのがよい。そういったやり方では、微量元素や無機質のものは、土壌のそとで「予備消化」され、そのあと、植物の生活環のなかに入っていく。

周知のことだが、海草は海洋から入手され、たくさんの価値ある微量元素を含んでいる。活性ある土壌は、この材料を十分に活用することができる。また、量が多すぎるという心配がない。また例えば、規則的な玄武岩粉末（pHの調整が必要）や石灰岩粉末、場合によって燐灰岩の利用も、農場から出てくる肥料とあわせて使用することによって、ミネラルのバランスを調整するのに有益である。

グスタフ・ローデは、堆肥を「微量元素がゆっくりと流れ出る泉」だと言った。堆肥によって、個々の微量元素の一時的な過剰供給が避けられるだろうと言ったのである。彼は土壌と堆肥を長期にわたり正確に分析して、微生物が微量元素の濃縮を調節し、それを土壌の肥沃さに組み入れていくことを明らかにした。堆肥が腐熟しつつある間に、微生物は大量の微量元素を取り込み、それを生物的に固定したり、あるいは堆肥から周辺に広がらせる。微生物は堆肥の中での微量元素の代謝を調節しているのである。腐熟した堆肥の中で微生物が産出する物質がゆっくりと分解する間に、微量元素は腐植酸と結合するとみられる。

いわゆる「バイオ・ダイナミック農法」(生命力動農法)を営む農場では、イラクサ、セイヨウノコギリソウ、カミツレ、タンポポ、コナラ、カノコソウの六種類の植物を、農場内でつくられた肥料と調合して用いる。例えば、カミツレの灰は、その三元素のほかに、鉄、硫黄、塩素、マグネシウムなどの微量元素を含んでいる。またタンポポでも、ほとんど同じようなことが見られる。注意深い堆肥化によって、さらにはこれらの薬草のアレロパシー的な希釈によって、その生命力促進的な影響があらわれる。これらすべての植物は生体触媒として働くのである。

8　土壌が生みだすものの生物的「質」について

現在、すでに明らかになっていることだが、生物活性が高められた土壌で、微量元素、ビタミン、ホルモン類などが土壌生物の働きによって植物にとって可吸態となったとき、とりわけその植物の品質に大きな影響を与えると考えられている。

この重要な意味のあるプロセスは、次のようにして起こる。つまり、微量元素が有機分子と結合するとき、いくつかの点で大きな働きをするということである。そこにはいわゆるキレート作用が働いている。土壌のなかにキレート体を供給する能力は、ほかにもあるが、とくに腐植に固有のものである。

キレートとは簡単にいえば、金属イオンと有機分子との結合のことである。キレート体は、植物自体に特別な養分を供給するわけではない。その価値は、微量元素を含む不溶性の金属塩を植物がたやすく吸収する形に転換することなのである。キレート形成は、自然界の化学的神秘の一つだ。自然は、よりよい植物の生産のために無機物質(例えば微量元素など)と結付く有機物を利用するのである。キレート化では、小さいが高い活性を持つ無機元素が、さまざまの大型の有機分子と結びつくことを可能にする。このような結合によって、無機元素の働きも大型の有機分子の働きも強められる。

ポリマー(重合体)である腐植複合体に組みこまれた微量元素は、植物の根によって吸収されることはほとんどない。これに反して、有機物とキレート化された低分子の重金属(例えば微量元素)は根の細胞膜を完全に通過できる。

どんな生物も、さまざまな微量元素を必要とする。もし、これらが無機イオンの形で存在するなら、それが可溶性、つまり植物が吸収できるようになったときだけ利用できることになる。もし、そこに有機性のキレート体が存在し、それが分子量があまり大きくないなら、よく管理された、腐植の多い土壌であれば、あらゆる微量元素は植物に吸収されるようになる(トレントポール)。こんな見解は、キレート作用の重要性と機能とを明確に示してくれる。

高名なアメリカの土壌学者のアルブレヒトは次のように言う。

「おそらく近いうちに人間は、自然界が土壌の有機物や腐植粘土複合体を、まさに私たちの食用となる植物の質をより高めるために利用していることを確認することになるだろう。」

しかし、そもそも生物的な「質」はどのように現れるのだろうか? 質をどう説明するのか?

土壌から生産されるものの生物的な質は、まずは細胞のなかに現れる、現代のような原子物理学の時代では、それぞれの原子と原子グループは固有の、自然から定められた一度きりの、切替えのきかない状況を分子の中に持っており、独自の機能と秩序で結ばれていることが知られている。この状況は、もしも人間の体が、先にも書いたように、例えば亜鉛だけでも、一〇二二の原子を含んでいることを知るとき、極めて重要である。

もしもまちがった対応によって、このデリケートな、私たちには理解しがたいような状況に障害を与えるとどうなるのだろうか?

もしも毒物や化学物質によって、原子の状態にある変化が起こるとしたら、それは体の生殖質のなかの、複雑なタンパク質の化合物(核酸)の構造に変化を与え、行きつく先は健康ではなく、病気へとつながっていくだろう。生物的な質とは、自然のままの、生殖質のなかの一度だけの、取り返しのきかない原子と原子群の特定の状況、そしてそれと結びついたさまざまな機能のことであると学者たちは言う。微量元素の働きも、土壌を通じて植物に、植物を通じて動物と人間にと広がっていく。

一つの実例がある。ある有名な製薬会社が、薬草から薬品を製造しようとして、長年にわたって薬草を栽培した。それは野生の薬草を捜しだす大きなコストを削減するためだった。栽培に当たっては、慣行の農法に従って畑にはチッ素肥料を与えていた。ところが、年を経るに従って、薬草中の作用物質、とりわけアルカロイドの含有量が減りはじめた。そこでもう一度、野生の薬草の採集に戻ったという。

その後、腐植と堆肥による栽培に移行したところ、予期しなかった結果が現われた。短期間のうちに、栽培された薬草の作用物質の含量が野生の薬草のそれに近いものになった。これは栽培植物が正しい栄養管理によって、野生の植物の生物的、生理的活性と同じになり、退化して役にたたないものになるのをまぬがれたという、多くの実例の一つである。この場合、微量元素はきわだった役割を果たしたのである。

畜産における別の実例として、無機化合物と有機化合物の違いの問題がある。私たちが鉱物質のものを飼料に添加すると、家畜はそれを無機態として、そのまま摂取する。しかし、同じ鉱物質のものを土壌にまぜてやると、この物質について、飼料（牧草）の本来の含有量が高まるだけでなく、牧草を経由して、この鉱物質はさまざまな有機化合物の形をとり、家畜によってよりよく利用されることが分かった。

9　鉱物が持つ輻射エネルギーについて

私たちにとって重要きわまりない微量元素を、さらに深く解明し、その機能と健康への影響を明らかにするために研究が行われてきた。さらに、土壌への微量元素の供給の可能性をはっきりと示し、それによる土の生物的な質を判断する試みも行われている。それらをしめくくるものとして、微量元素が持つ固有の作用メカニズムについてもすこしばかり語る必要があると考える。何故なら、そこには、ある種のエネルギーが生じていて、微量元素の働きのための原動力を呼び起こしているに違いないと思われるからである。

私たちは原子の働きについて考える時代に入っており、あらゆる無機物のなかには潜在的に輻射エネルギーが含まれており、これが与えられた環境条件に対応して作用力を現すことを知らされている。この輻射エネルギーによって、それぞれの生命体の発達が力を与えられ、指向性を持ち、生物的な構造を保つのである。

鉱物的なエネルギー物質と、あらゆる有機的なものの成り立ちの間には、生命の法則に関わる大きな関連があることを学び知るべきだろう。鉱物が輻射エネルギーの担い手としては存在しないとすると、そこには生命の発展もないと考えられる。言い換えれば、有機的なものの基本元素、つまり水素、酸素、炭素、チッ素などが、指向性と、秩序を与えるエネルギーを持たないとすると、それらは構造を持たない単なる元素になってしまうことになるだろう。

最初に与えられたものとしての原成岩、水、空気（光）だけから、多様な形態の生命が発展したのであり、土のなかのミクロの世界でも、同じことである。もし、微生物というものが存在していなければ土壌は不毛であり、何ものをも生み出さなかっただろう。まず微生物の世界がミネラル（微量元素）を可溶性にし、消化することによって、はじめて植物はそれを吸収することができるようになったのである。このプロセスはさまざまな酵素によって調節されている。

第一六章　生命の根源が危機に瀕している

1　腐植の働きを無視した結果としての地下水での硝酸塩蓄積

「飲料水のなかの硝酸塩」とは、多くの火種を抱えた、大きな今日的なテーマである。飲料水汚染の危機を知った多くの人は、そこに未来に向けての大きな不安を見てとっている。メディアの報道はいつも大袈裟(おおげさ)で、この危機の真の原因を認識させることのないおしゃべりである。全体をとらえた方向づけのなさが広がり、私たちの生命の根幹についての無力感があらわになっている。

私たちの記憶になお残っていることだが、一九六五年、ボーデン湖の島にある町のマイナウで、「マイナウの緑の憲章」が宣言された。この宣言の中核文章は「われらの生命の基底が危機に瀕している」というものだった。

土壌腐植の意義を、その全射程にわたって認識する人は、この腐植もまた私たちの生命の根幹であることを知っている。「マイナウの緑の憲章」は、環境を何よりも大切にすることを要求した最初のシナグルの一つだった。だが、残念なことに、この呼びかけはいつのまにか消え失せた。成長への狂気が、熟慮することを許さなかったのだ。それどころか、過去三〇年の間に、地下水とならんで重要きわまりない生命の根幹のいくつか、例えば、母なる大地は特に大きな打撃を受けた。

その後、一九八〇年に、『西暦二〇〇〇年の地球』の第一版が当時のアメリカ大統領による最初の公的環境研究として刊行され、関係者の注目を集めた。それはかつてない科学的検証を経た明確な提言であった。前途に一条の光を見る思いであった！

森林枯死は戸口のところまで迫っており、私たちに明確なサインを示していることなど、説得力ある言葉で持って『西暦二〇〇〇年の地球』は、例えば全世界の耕地の現状について、「われわれの耕地は危機に瀕している！」とも述べている。「農耕地という資源は急速なテンポで消耗しつつあり、消滅の危機に瀕している。このテンポは多くの研究者たちが警告を発するようなほどになっている。大地は農業の基幹的な資源である。人類の未来にとっての最大の危機は、大地の荒廃であり、それに伴う、低下しつつある肥沃度である。肥料が少なくなったのではない。土壌中の腐植が減りつつあるのだ。」と続ける。

経済協力機構（OECD）の研究の一つによれば、耕地の消失と、絶え間ない土壌の悪化は、この二〇年間で全耕地の三分の一にまで及んでいる。この惑星は、これからもさらに荒れ、不毛となるだろう！　しかし、今ここに手短かにとりあげた事前警告のすべては、西側諸国ではほとんど何の反響もなしに無視されている！

2　気候の大変動は人間生活の大変動である

一九九二年の一一月、バイエルン放送は「気候変動は人間生活の変動だ」を放映した。そのキーワードは、「わが地球は今やふたたび一つの気候変動、人間の人為的行動が原因の変動にみまわれている」というものだった。

この特別の放送の終わりは次のように告げている。「この四〇年間に、少数の企業が熱帯雨林の七〇％を伐採し、今やカナダとシベリアの森林にも及んでいることは、今のところ犯罪行為とはみなされていない。しかし、それによって、数百万、それどころか数十億の人間の将来の生活基盤が奪われているのだ。」

この発言からも分かるように、生態系の維持は、その中に人権が含まれているのである。正に私たちは、環境を必要とするのだが、しかし環境は必ずしも人間を必要としない！。オットー・H・ワリサー教授が言ったように、「私たちが必要としているのは、もう一つの別の倫理的基盤であり、それは私たちが将来にわたって自らの生存基盤、つまり生態系を常に、そして共に考慮するような倫理である」。この発言は大いに歓迎すべきであり、土壌と腐植の領域でもまさにそうであろう。つまり、あらゆる生態系（生存の基盤）を包括的に人権の中に組み入れることである！

グリンピースが農家の庭先の井戸の検査をしたことがある。ある農家の唯一の飲料水源である井戸では、二七〇㎎／ℓの硝酸塩が検出された！　許容値は五〇㎎である。硝酸は亜硝酸に変化することがあり、それはニトロソアミンとなって癌を引き起こす可能性がある。多数の井戸の三分の二では、ℓ当たり五〇㎎を超える硝酸塩が検出されている。

さらに三分の一の検体の数値は、ℓ当たり一〇〇㎎を超えており、マイセン郡のいくつかの井戸では、八一〇㎎のものさえあった！

厩舎から出る水肥も井戸水を汚染する。例えば、フェヒタ郡とクロッペンブルグ郡では、年間、五百万立方メートルの水肥が流出している。

トウモロコシ栽培は家畜の多頭飼育のために大いに奨励されている。トウモロコシは大地を保護する緑の野草の生育を数カ月にわたって抑制する。それに伴って土壌の浸食が生じる。それは土壌腐植を吹きとばす。この腐植の減少により、土壌は厩舎からの水肥が含む栄養塩を固定する力を失い、硝酸塩と農薬は地下水にしみこむのである。

グリーンピースは、工業的農業がもたらす失策を回復するために、ボンとブリュッセルの農業施策の責任者と指導者たちに、家族的農業の真剣な支援を要求している。人口が多く、国土が集約的に利用されているドイツのような国では、自然が危機に瀕しているのに、何の対策もとられていないのだ！

地中深くに掘られている井戸も、十分な飲料水を供給することができなくなっている。畑地に散布された毒物が地中にしみこむからである。病気が病気を生む悪循環が起こっている。

傾斜地のブドウ園では、年間、五―六回も農薬が散布される。農薬の製造者たちの主張によると、散布されたものは土中で無害なものに分解されるというが、しかしこれはほとんど嘘だ！

現在ますます多くの農薬が地下水と飲料水の中に検出されている。

3　硝酸塩除去施設　科学万能主義の敗北

一つの装置が、ラインガウ最大の飲料水の水脈を救うはずになっていた。

この地で新しく建設された脱窒装置では、硝酸塩を含む水が飲料水に浄化されると一九九二年一一月のフランクフルター・アールゲマイネ紙は報じている。この地の水利組合は、大きな井戸の系列の中にたまっている高い硝酸塩の値を引き下げようとしているのである。そこで蓄えられている水の量は、本来年間にして七〇万㎥の飲料水を供給することになっていた。しかし、全部で六つある井戸のうち、五つ(!)が過去の数年間にわたって水の供給を中止せざるをえなくなっていた。そこでの硝酸塩含量が平均してℓ当たり一一〇㎎に達しており、中には二〇〇㎎の数値も見られたからである。

この高い負荷は、調査の結果、ブドウ栽培でのチッ素肥料によるものと分かった。ブドウ農家が、植物が吸収できるよりもはるかに多くの肥料を施していたのであり、それが土壌中に集積し、そのあと地下水となって現われたのである。

約五百万マルクかけて建設された、この硝酸塩除去装置では、汚染された水は複雑な経路を経て、ℓ当たり五㎎の硝酸塩含量にまで浄化されることになっている。ブドウ畑での土壌検定によって、農家がそもそもどれほどのチッ素を施肥すべきかが決定されることになる。しかし、「農家がその定められた施肥基準を守り、地下水の硝酸塩が十分に低くなるためには、二五年はかかるだろう」と、この巨大な装置の管理者は考えているようだ。

原因を追究せずに、現象だけを直そうとするからだ！　諺(ことわざ)がある。「子供が井戸に落ちて、はじめて分かる。」つまり、飲料水の中に硝酸塩が、そんなに高濃度になってはじめて、役人、官庁、技術者、さては何人かの科学者たちが、永い眠りから覚めて動き出すことになる。何ということだろう！　順序が逆なのだ。科学と技術は万能薬であるとされている。今日のこの困難な問題は、三十年前にすでに予見されており、関係者は当時すでに起こっていた土壌の取り扱いや腐植の管理の軽視の結果を完全に無視し、あざ笑ってさえいたのである。無知で思い上った知識層の粗野な見解は、未来への配慮を全くなきものにしていた。

4　飲料水とは飲用に適した水のことだ

国連は、八〇年代を「国際水の十年」と指定した。世界的に、清潔な飲料水が質的にも量的にも、もはや自明のものとは見られなくなったのである。毎年ごとに、いわゆる「第三世界」の地域では、汚染された飲料水のために二〇〇〇万人の人が亡くなっている。工業化された国でも、飲料水は「飲用に適しない水」に繰り返し場所を譲らねばならなくなっている。つまり飲用に適した水は汚水の流れのなかから「選別される」必要があるようになったのだ。

ドイツの水供給は、一〇％が井戸水、五〇％が地下水、そして四〇％が表面水に分別される。一九八〇年にすでにアメリカの環境委員会（ACEQ）は、環境関係の省庁に、地下水が農薬、肥料、廃液、有害物廃棄場からの排水によって常時、汚染されていることに警告を発している。

5 硝酸塩と亜硝酸塩は「未来に続く問題」

多量のチッ素肥料が施された場合、多くの野菜、とりわけホウレンソウ、ニンジン、赤カブ、コールラビ、レタスでの硝酸塩の含量は非常に高まることが認められている。以前から、硝酸塩は哺乳動物の食物のなかに入った場合、有害であり、チアノーゼを起こすことが知られており、すでに数百の哺乳動物種が死にいたっている。硝酸塩を含む飲料水を飲むことで、生後数カ月で死にいたる例がある。ドイツでの統計によると、一九五六年から七四年の間に、七四五のチアノーゼの症例があり、そのうちの六四例が死にいたったことが報告されている。雑誌『消費者』は、飲料水中の硝酸塩を厳しく「未来に続く問題」であると呼んでいる。

先にあげた野菜類（さらに春先の牧草でも）に生育のさかんな時期に十分な水溶性の合成チッ素を与えると、植物によって次々と吸収される硝酸塩は、日光が十分にある場合にはタンパク質合成にまわされていき、天候が悪い場合は、硝酸塩が野菜や牧草のなかにたまってくる。動物や人間では、硝酸塩は腸のなかで還元されて毒性のあるもの（亜硝酸塩）になる場合がある。化学構造のなかで一分子の酸素が不足し（硝酸塩＝NO_3、亜硝酸塩＝NO_2）、この不足している酸素はほとんど自動的に赤色の血液色素からヘモグロビンをひき出し、もはや血液は酸素を運ぶことができなくなる。手短かに言えば、幼児ではチアノーゼが起こり、牧草の場合では家畜にテタニー（強直）が起こる。

かつては、放牧家畜の心不全は突然死だと考えられていたが、それは窒息死だったのである。

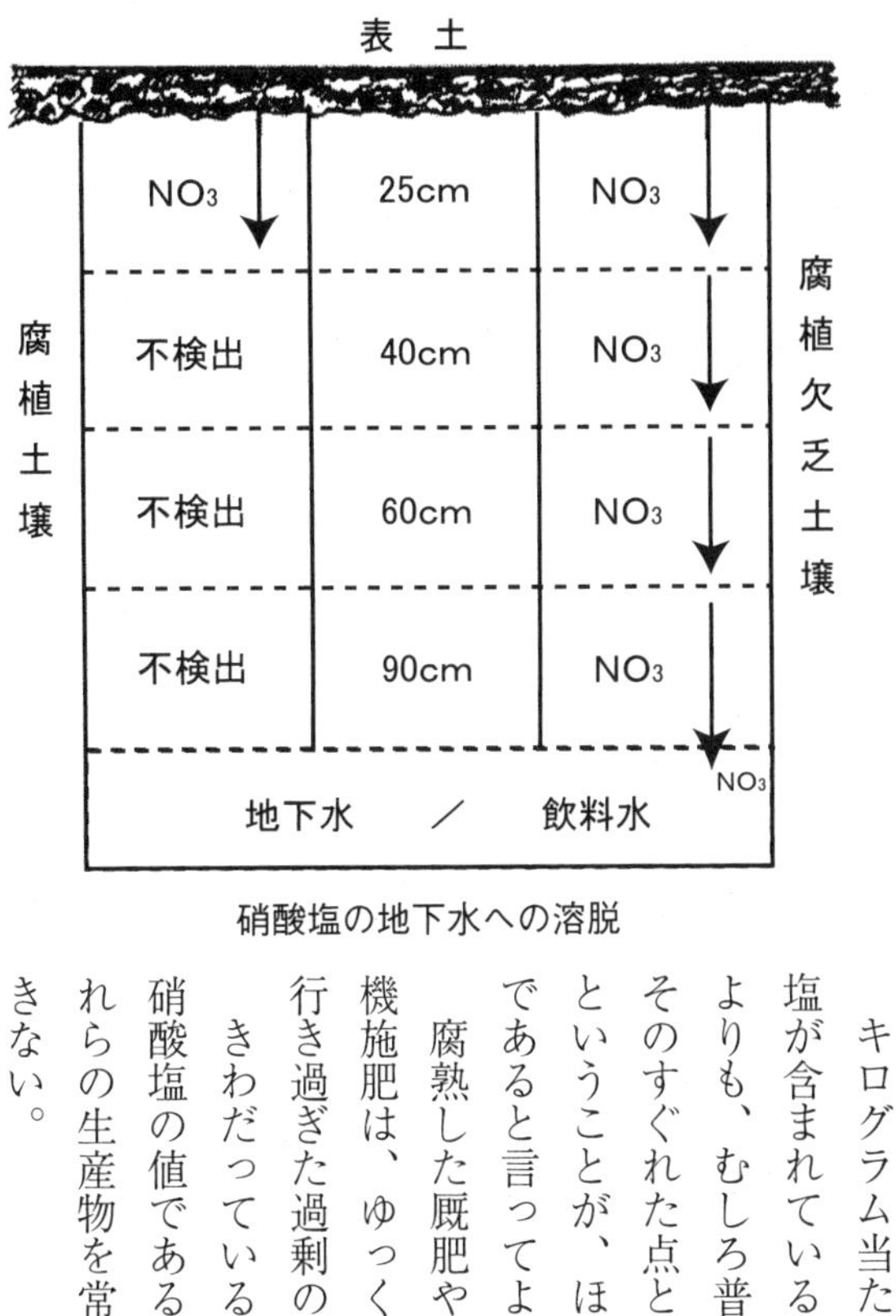

硝酸塩の地下水への溶脱

キログラム当たりの野菜に数グラムの硝酸塩が含まれているというのは、例外的であるよりも、むしろ普通である。有機農業では、そのすぐれた点として、硝酸塩含量が少ないということが、ほんものの有機野菜のしるしであると言ってよい。

腐熟した厩肥や堆肥を用いた、控え目な有機施肥は、ゆっくりとしたチッ素源を持ち、行き過ぎた過剰の肥料をおさえるのである。

きわだっているのは、温室栽培の作物での硝酸塩の値である。その分析からみると、これらの生産物を常食とするのは決して推奨できない。

ついでにいえば、この一〇年の知見によると、喫煙によって高まる癌のリスクは、タールの濃縮によるだけでなく、喫煙によるニトロソアミンの上昇にもよる。

6 食塩―硝酸塩―亜硝酸塩―塩漬用亜硝酸塩

肉類の貯蔵方法についてごくかいつまんで述べることにする。本来、肉類は保存のためには食塩だけで処理されていた。しかし、数百年にわたって(一五〇〇年頃にオランダで始まったといわれるが)、塩漬けの肉に美しい赤色をつけるために、硝酸塩(硝石)を加えるようになっていた。二〇世紀初期になってはじめて、類縁の、しかし本質的にはより毒性のある亜硝酸塩を着色のために誤用するようになった。

一九三四年以来、この亜硝酸塩は有毒であるが、いわゆる「塩漬け用の塩」として取引が許可されるようになった。しかし、一九八一年以降は、硝酸塩(硝石)と亜硝酸塩の使用はふたたび規制されることになった。現在、ソーセージ製品の九五%が塩漬けされており、そのために、年間、ほぼ七万トンの塩漬用亜硝酸塩がドイツとオーストリアでソーセージに使用されている。

実験動物の寿命が短命であるという点で硝酸塩が有毒であるとの報告がはじめて公表されたのは、一九六〇年代になってからである。また実験で確かめられたところによると、硝酸塩と亜硝酸塩は生物へのビタミンの供給を阻害する。また子供では酵素系が阻害される。さらに亜硝酸塩は強い突然変異原性（遺伝性変異を引き起こす作用）を持つことが認められている。要するに、この物質が有害であるだけでなく、大いに問題があることが示されている。ヨーロッパの多くの国々、そしてアメリカでも一九七二年には住民のなかにニトロソアミンの犠牲者が出たことが確認された。

胃癌の発生と、そこでの飲料水中の硝酸含量とは相関があることが分かっている。チリでは、胃癌による死亡率と、国内の各地で化学肥料として施用されている硝酸塩の量との間には相関があることが知られている。

7　水域の自浄作用

「七つの石の上を流れると、水は再びきれいになる」という古い諺がある。自然科学は民間伝承を繰り返し確認してきた。ところで、生物が住んでいる水域は、どれもみなある程度の自浄作用を持っている。つまり、汚れた水は、それが含む有機物もろとも生物によって処理されるのである。

しかし、この自浄作用力は、海域、地下水、そして河川に、もとからそこに存在してきた生物の本来の生存条件がどれだけなお残っているかにかかっている。

　生物の生存空間の成立、つまり、与えられた生存空間の条件に適応するためには、数百万年の歳月が必要とされる。だがいったん、この生存空間の諸条件に合致したものは、決してやすやすと別の新しい条件に適応することはない。河川水に新しく介入するさまざまな条件は、元々の条件を乱し、それによって生物の持つ自浄能力に重圧をかける。何故なら、ある生物が必要とする生存空間よりも過剰の多くの未知のものに直面するからである。また、あまりに大量の混合物は自浄能力を越えてしまう。多くなりすぎた有機物質などは処理しきれず、残ってしまうのである。

8　あらわになった事実への不安

　公正な専門家の意見によれば、多くの場所で、地下水と飲料水の硝酸塩の濃度の増加が健康の障害を引き起こす値にまで達しているのは、もはや疑う余地はない。もし事態がそうでないとするなら、どうしてワインガウでの六個の連鎖井戸のうち、五個までが使用中止になっているのか？　飲料水一ℓ当たりの硝酸塩の許容限界値が五〇mgというのに、ここでは硝酸含量がすでに一一〇mgになっているからではないのか？　住民たちが事実を知ったとしたら、ひどく驚くのではないだろうか？

スペイヤーにある農業研究調査局（LUFA）の反応は別である。そこでの見解は違っている。「水が含む硝酸塩と健康障害との間の直接的関係は、今までのところ確認されていない。ヨーロッパ共同体（EC）が呈示する限界値は、いわば『予防的措置のための数値』であり、毒物学の条件とは関係がない」というものである。

私たちが過去一〇年間におかした過ちを考えてみると、農地の腐植全体の欠乏、高い施肥量、農薬の洪水、つまり農地の毒物による汚染が今になって影響をあらわしていると考える。硝酸塩が増加している地下水の状態は、自然の報いなのだ。もし、これからの一〇年間も同じようにやり、農地にさらに毒物と化学薬品が投入されるなら、その時には、私たちの貴重な飲料水はすっかり使い物にならなくなる可能性があり、実際そうなるだろう。

たくさんの研究や学説によって、私たちはあらゆる事物がお互いに複雑な関わりを持っていることを再び理解するようになっている。生物の世界は一つのつながり合った系からなっているのだ。つまり、システムと循環のことを考える必要があるといえよう。

バイオ・ダイナミック農法（生命力動農法）研究所では、完熟厩肥と無機肥料の施用を比較している。長期間繰り返された土壌調査によれば、チッ素を含む無機肥料を施用したあと、土壌中の硝酸塩含量がしだいに高まり、施用された肥料のチッ素含有量のほぼ三倍にもなるという。

つまり、施肥により土壌中のいくつかのプロセスが動き出し、施された肥料の成分量よりもはるかに多い硝酸塩が放出される。それによって、植物はチッ素の養分過多となり、その結果、病害虫に対する抵抗力が低下する。さらに植物は、このチッ素量をどうにも吸収することができず、チッ素成分の多くは下層土へと流亡し、地下水の硝酸塩を増加させる。

これに反して、完熟厩肥や堆肥は硝酸塩を増加させることは少なく、下層土への硝酸塩の浸透も起こりにくい。下層土では植物の根系や土壌生物が冬の間に遊離のチッ素をふたたび固定するのがみられた。

9 生態系の激しい損傷

その当時、その方面で高く評価されていたハルレ／ザールのレーマー教授は、一つの注目すべき講演、「土壌の肥沃さの維持」のなかで次のように語っている。「数十年にわたって続いている無機肥料の施肥が、自然の土壌の肥沃性を損傷しているという考えが土壌学者のなかに増えている」。さらに、「無機肥料と共に、いわゆるバラスト(余分な成分)が供給されていて、これは植物の栄養のために利用されることは全くないもので、肥料と共に土壌にすき込まれ、その量は年ごとに増加している。これらのバラストの多くは酸性の残滓である。」と述べている。

例をあげると、チッ素工業界からの施肥の推薦によれば、ha当たり、八tのトウモロコシの生産のためには、成分量で、

—二〇〇kgのチッ素

—一六〇kgのリン酸

—二〇〇kgのカリが必要となっている

これらを合計すると、五六〇kgの成分量となり、それが二四〇〇kgの「肥料」の中に含まれている。この内いわゆるバラスト、とりわけ酸性残滓（硫酸や塩素）は、ほぼ一八〇〇kgにもなる。ほとんど確実なことがある。土壌中の生物的バランス、つまり土壌生物、団粒構造、土壌コロイドの特色をなすものは、異常に多い量のバラスト、とりわけ酸性残滓の添加によってきわめて敏感に損傷を受けるのである。特に、養分と水の吸着に大きな関係のあるデリケートな熟土内の「コロイド」は傷めつけられ、また、それはとりわけ敏感な細菌であるアゾトバクター・クロオコックム（空中チッ素固定菌）の活動を低下させる。一方、現在では、ha当たり二〇〇kgのチッ素成分が慣行的に投入されているとみられる。しかし、こんな大量の過剰施肥は何を引き起こしているのだろうか？　植物はチッ素塩の過剰を受け入れざるをえないし、高い塩類濃度を薄めようとする。つまり植物は水分を取り入れ、生長の速度を早めて、いわゆる徒長をし、組織は水分を多く含み、ふやけていく。誤った養分を与えられた植物は不健康になり、病原菌

を受け入れやすくなり、遂には枯れていくだろう。どうにも理解しがたいことだが、こんな重要な関係、つまり、酸性残滓(バラスト)―コロイド―アゾトバクターという連鎖が、権威ある学者によって、また専門文献のなかで、黙殺されている。人は自然の複雑さをいまだに計りかねているのか、あるいは何かわけがあるのかもしれない。

現代における、こんな「思考の怠慢」について、あるスイスの歴史家が言及し、人類の大半が、たかだかこの四〇年の間に、完全な思考上の無能力におちいっているという、痛ましい主張を述べている。

10 腐植層は硝酸塩の流亡を阻止する

土壌の中の腐植層のおどろくべき意義については、別の箇所で詳しく書いた。ところで、私たちが持っているミネラルウォーターの水源は、現在、硝酸塩を含まない水の要請をほとんど満たしていない。硝酸塩を含まない飲料水はほとんど存在しなくなったのだろうか？　この五〇年間に、いたる所の農地、とりわけ腐植を重視してきたところでも、多くの場合、腐植の含量が一、二％減少しており、必要とされる水を保持する力をも失っている。こんな場合、そこでのしっかりとした根系の密度の不足が決定的な役割を果たしている。

その結果、硝酸塩は農薬と一緒になって、妨げられることなく地下水の中に流れ込む。すでに以前の章で、このことについて具体的に述べた。このむずかしい問題の解決は、ボン大学の研究者たちが、雑誌『ifoam』（六七号、一九八八。現在の『エコロジーと農業』誌）で報告しているように、今の段階では、せいぜいのところ、的はずれの話にすぎない。

叫び声、さし迫った呼び声が、専門家たちの世界ばかりでなく、多くの人々を長い眠りから揺り起こし、土壌学の持つ自然認識と英知を、漠然とした意識のなかから呼び覚ますべきである。腐植の管理は水の管理とともに、土壌学のなかで、それにふさわしい地位を保つべきである。さらに言えば、腐植の管理と水の管理は、全世界での農業の実践のなかの一領域となるべきだろう。私たちの飲料水を救うための緊急の対策の一つは、腐植の確実な増加のために努力し、植物の旺盛に伸びる根系のために心を配ることである。それは硝酸態のチッ素がもはや飲料水のなかに届かなくなることでもある。古来からの英知が、その道を教えてくれるだろう！

私たちの農業の上に、非常に重い責任がかかっている。もう四〇年もやってきた農業、やらざるをえなかった農業といってもよいが、それが駄目になりつつある。もし人間が、将来、もろもろの問題を克服したいと思うなら、腐植管理の道を選ぶべきであり、好むと好まざるとにかかわらず、その道を進まねばならないのだ。

よく知られた価値ある書物の著者であるアルベルト・フォン・ハラーは、現代の時代精神の特徴について次のような言葉を述べたが、それには私も深く同感する。「自然に即した有機農業経営を行い、その説得力ある成果が出ているにもかかわらず、それに関するあいからわずの無知は驚くばかりだ。これは疑いもなく、思考の狭量さによるものではないのか。あるいはまた、現代人が深く潜んでいる問題と取り組む意志がないか、あるいは、すっかり忘れ去ってしまっているという現代の兆候の表れだと思われる。現代で、もし言うを許されるならば、なお思考することのできる人間であっても、その願望を現実の大衆と科学と技術に適合させようと努力しているだけのように見える。」

第一七章　自然界の秩序の原則

自然界での秩序の原理原則についての知見は、残念ながら高度に発達した文明を持つ人類にとって失われてしまったのか、意識には浮かばない。ところで、「秩序」として理解されているものを、私なりに、かいつまんで説明してみたい。

一つの例をあげよう。宇宙にはたくさんの秩序の形がある。美しい実例は緑の植物である。植物は太陽からやってくる光エネルギーの助けをかりて、水素と炭素とから、人間の生命の根幹となる物質をつくり出す。別な表現をすれば、太陽光線の秩序ある光の波長は、生きた物質である葉緑素によって吸収され、一つの分子的な秩序、つまり炭水化物に転換される。

今日の知識によれば、植物が持つあらゆる材料は、秩序あるエネルギーによってでき上がっており、私たち人間は、この秩序だったエネルギーを取り入れさえすれば、おのずから秩序だてられていき、またそのようにされるのである。考えてもみたらよいことだが、宇宙は計画された秩序なのである！　調和のとれた秩序を持つ人間は健康であり、調和の破れた無秩序の状態にある人間は病む。前にも述べたと思うがホメオパシー（類似療法）は自然の秩序の一部分であり、人間は「高度の秩序を持った自然」（エンデスの言葉）の一部分である。治療の技術は、つまり秩序を立て直すことである。

1　食べ物の秩序

食べ物と一緒に、私たちは全宇宙からの秩序のエネルギーを取り込み、それによって生命を維持している。

私たちの食べ物に秩序があればあるだけ、それが生み出される土壌での土壌生物にもまた秩序が与えられ、そこに育つ秩序ある食べ物は、秩序から外れた生物（人間）をふたたび秩序へとつれ戻すことになる。これこそ、医療の基本原則であり、すべての治療の理解の原則なのである。医聖といわれたパラケルスス（一四九三－一五四一）には、このことが分かっており、だからこそ、「私たちの食べ物はすべて癒すための食べ物でなければならない」と言った。だが、今日、こんなことはどうなっているのだろうか？

葉緑素の合成を人為的に試みた人たち、つまり人工的に葉緑素をつくり出そうとした人々は、合成された緑の色素が炭水化物をつくり出すことができないことが明らかになってひどく落胆した。そこには、宇宙からの秩序がなかったのである！

2　宇宙の秩序

物質は精神的法則によるエネルギーの濃縮か？

たった一つの水素原子が生まれるためには、極微の原子が従っているいくつかの物理的法則が不可欠である。計り知れない宇宙のなかで、私たちは、すでに百数十億年の間、寸分の狂いもなく正確に機能しているもろもろの知的ともいえる物質（原子、分子）の運動を確認している。例えば、正確に計算できる太陽や惑星の軌道などである。また、思考する人間などというものが地上に現れるはるか以前から、驚くべく考え抜かれた植物や動物の形態が存在しており、それは決して偶然に生じたものではない。それらは、高次の知性を持つ精神からつくり出されたものであるに違いない。

アーサー・エディントン卿（英国の天文学者、物理学者、一八八二―一九四四）がかつて語ったことがある。「世界を構成する素材は、すべて精神によるものである！」。私たち現代人は、あらゆる事柄をお手軽に、ただ単にいわゆる科学の光に照らして見ている。この科学は、私たちの存在を物質化し、技術化し、それにより、あらゆる物質に対する力を手中に収めたのである。

生きているものについて言えば、それは単に生命を持つ物質であるだけではない。それは、いつも一つの大きな全体の一部分であり、いわば生命共同体の一部なのである。

偉大な物理学者のマックス・プランク（一八五一－一九四七）が、一九三〇年にフローレンスでの物理学会で、説得力を持って語った言葉を思い起こしてみたいものだ。「このようにして、私の原子についてのさまざまな研究の最後に、次のように言いたい。単なる物質自体というものは存在しない！　あらゆる物質はある力によって成立している。この力は原子の構成元素を振動させ、原子という極微の太陽系へと取りまとめている。しかし、この全宇宙には、知性を持った力とか、永遠の力とかいうものは存在しないので、この力の背後に自覚した知的精神というものを想定せざるをえない。この精神はあらゆる物質の根源基盤である。しかし、精神それ自体というものは存在せず、どんな精神もなんらかの存在に属しているので、私たちは、どうしても精神的存在というものを想定しなければならない。だが、精神的存在もそれ自体から生じることはなく、つくり出されるのである。かくて、私自身は、この神秘に満ちたつくり手を、あらゆる古来からの地球上の民族がそう呼んだように、ひるむことなく神と呼ぶことにしたい。」

もしも今日、あいもかわらず、単に物質というものがあり、これだけが現実に存在するものだと主張する人がいたとすれば、その人は誤ったことを学んだ人である。そもそも個々の原子自体が、物質を詰め込んだだけの荒っぽい性質のものでは決してなく、秩序だって激しく活動するエネルギーで満ちた組織体であることから、私たちの宇宙全体が本来、極度に濃縮されたエネルギーからできており、精神的な法則に従って組み立てられ、つくられていると言うことができる。物理学者のワルター・ハイラーも、この上もなく明確に、「自然科学は精神科学である。」、「自然と人間は同じ創造者の手によってつくり出された。」と語った。

3　私たちの母なる大地

大地は常に我らを抱き、何時もその美で我らを取りまいているので、大地から離れることはできないが、その深さをうかがい知ることもできない。

大地はたえず新しいものを造り出し、今あるものは、かつてはなかったものだ。

そしてまた、今あるものは去っていき、再び戻ることはない。

大地では、すべてがいつも新しく、そして常に古い。

我らは大地のなかに生きながら、大地のことはよく分からない。

我らは大地をたえず耕し、穀物を穫りいれるが、大地に対しては何の力もない。

大地は変わらずつくり出し、再び取り壊し、その仕事場は人の眼から隠されている。


〈エッセネ人の書〉

4 戒めの声は絶えることなく

空気、水、そして私たちを養ってくれる大地の質は、過去の数十年の間に、危険なまでに悪化してしまったのに、何人かの政治家、科学者、産業界の指導者は、あいもかわらず人類の健康と生存にとっての真の危険は存在しないと主張している。人類にとっての危機は、今までに起こったように局地的であるだけでなく、地球規模で広がっている。全世界にひろがる森林の枯死、温暖化、オゾン層の破壊、そして全耕地の腐植の喪失は見逃すことの決してできない証拠である。

最近においても警告の声とシグナルには事欠かない。一九六五年、ボーデン湖のマイナウ島で「マイナウの緑の憲章」が宣言された。その建白書は述べている。「私たちの生命の基幹が危機にさらされている。」と。だが、この呼び声はあっという間に忘れさられた。

一九七六年、アルベルトとウォルフガング・ハラーの兄弟が、きわめて注目すべき書物、『健康な世界の基礎』を出版した。これは、その方面の専門家の間で大きな反響を呼んだ。この本の中には、環境破壊を食い止めるいくつかの新しい別の道があることが指摘されており、それはすでに確かめられ、実践もされている。

一九八〇年には、アメリカで研究調査書『西暦二〇〇〇年の地球』が公表され、その方面の人たちは大いに耳を傾けた。地球上の耕地は危機に瀕していることが、この検証がもっとも強く訴えようとする発言内容だったからである。

アメリカ合衆国の副大統領だったアル・ゴアはテネシー州で一九四八年に生まれた人だが、一九九三年、三七五頁におよぶ包括的な書物、『地球の掟―文明と環境のバランスを求めて』を出版した。この本のなかで著者は、根源的な発想の転換によってだけ、現在ある地球を来るべき世代のために持続的に残すことができるという考えを主張した。ゴアは、「一つの全世界的な総力の結集だけが」地球を破局から救うことができるだろうことを訴えたのだ。

すでに知られた結果を伴った全世界をおおう環境破壊こそが問題の中心であるが、もう一つの問題は、世界人口の爆発的増加である。この二つは悪循環となっている。この惑星上のすべての人間は、人間にふさわしい生きかたをしなければならない。そのために水、食物、エネルギーなどの資源が必要なのである。現在のままで生きるなら、近い将来に大きな変化が起こらない限り、さらなる環境破壊がやってくるだろう。歴史が明白に告げるように、耕土は誤った土壌管理によって、その肥沃さを失い、さらに失い続けるだろう！　これに続く節で、はっきりとした、眼に見えるいくつかの実例を呈示して話を終わりたいと思う。人類がそこから、必要不可欠な教えを汲みとってくれることを祈るものである！

5 過去から学ぶこと

チグリスとユーフラテスの二つの大河の間の伝説的に肥沃な地域には、かつて「楽園」があったとされるが、現在では数メートルの土砂の下に埋もれている。それは、数百年にわたる利用のあと、荒廃し、無人となった。その理由は、土壌の肥沃さがすっかり失われてしまったからだ。当時の人間たちは、すでに森と畑の略奪農業をやっていたのであり、それによって土の腐植が大きく減少したのである。

ローマは、よく言われる人口の増加によってではなく、容赦のない土壌の肥沃さの略奪のせいで、パンをアフリカの地から取り寄せていたのである。

ペルシャ、メソポタミヤ、北アフリカに広がる砂漠地帯は、すぐれた文明の中心地の崩壊と巨大な国家の破壊の歴史を物語っている。それらは、その地の土壌の肥沃さと、その根幹となる腐植の消失、さらにそれに続く土壌浸食によって起こったのである。現在の世界では、全地球上において、土壌腐植の破壊がはじまっており、それはすべての農耕地で見られるのである。

アメリカ合衆国は今日までに、その肥沃な耕地のほぼ四〇%を失っている。一九世紀から二〇世紀にかけて、農業地帯の肥沃さが略奪されたのである。アメリカ農民は、この五十年間に、誤った土壌管理により、過去五〇〇〇年の間に自然界でつくられたのと同じ量の腐植、つまり肥沃さを破壊してしまった。アメリカでは、すでに一九三七年までに四四〇〇万ha（！）の農地として利用されていた土地を完全に荒廃させてしまった。この痛めつけられた農地の面積は、ドイツとフランスの全耕地を合わせたよりも大きいのである。ほぼ五億トンの土壌が毎日、海に流亡していると考えられると、責任ある筋の人々は訴えている。このような土壌流亡が同じ速度で続くとしたら、アメリカは百年後には西半球のサハラ砂漠に変わってしまうと考えられる。すでに五六年の間（一九三七―一九九三）に、ふたたび自然は冷酷にも反逆を開始した。一九九三年の七月と八月には、アメリカ中西部では今世紀最大の大氾濫が起こり、約四万㎢の肥沃な農地が浸水し、これはドイツのラインランド・ファルツとヘッセンの両州の面積に当たる。そこでは、深さ一ｍの肥沃な表土が農地から流亡したのである。

最後にエチオピアの実例を示したい。ハイレ・セラシェ一世（一八九一―一九七五）が皇帝であったエチオピアでは、国土の四〇％が森林だった。それ以来、この四〇年間に林地は四〇％から一％に消失した（アル・ゴアによる）。森林の消失と共に、水も涸れはじめ、荒地化がそれに続き、経済の混乱がはじまり、飢餓と内戦が続いた。この悲劇とともに、かつての古く、誇り高い国は地におちた。ここでも、またもや同じことが起こったのである。つまり、腐植の欠乏が国民の運命として広がりはじめている。それは戦争、飢餓、社会の崩壊の引き金となっていくのである。

ハワードの『農業聖典』は一九四〇年に出版されたものだが、そこには、あたかも予言のように響く言葉がある。

「ローマ帝国は一一〇〇年間続いた。西欧国家の覇権は何年続くのだろうか？　その答えは、人間にとって重要な仕事を遂行するに当たっての政治家を含む全住民の英知と勇気によって決まるのである。人類が、そのもっとも重要な所有物である土壌の肥沃性を正しく維持するという、不可欠な仕事を果たすことができるのかどうか？　文明の未来は、まさにこのことにかかっているのだ。」

付録 有機農業研究の海外動向

掲載にあたって

日本の若干の農家が有機農業というものを意識的に実践しはじめてから長い年月がたったが、その間、農学研究の現場では、日本農業の将来にかかわる「有機農業」の意義を認識し、その生産の基礎となる技術研究について組織的な仕事を始める「研究者」は公共機関でも民間でもごく限られた状況だった。ところが眼を海外に向けると、事情はひどく異なっていた。これまでの数十年間、折あるごとに欧米各地を訪れる中で、有機農業の技術に関する研究とその応用についての成果にふれ、日本と海外のあいだで、関係者たちの行動と意識にかなりの違いがあることを感じるようになった。そこで、それらの成果の一部を日本の農家と農学研究者に紹介し、彼我の違いを実感してほしいと思い立ち、日本有機農業研究会の会誌『土と健康』の誌上に、一九九八年七月から九九年九月の一年間にわたって「海外有機農業研究レポート」として連載した。

毎月、有機農業に関する一つの研究書か論文を取り上げ、一頁にまとめるという紙面の制約を自らに課し、そこに一つの主題を投げ込み、その短い文章と行間にさまざまの原理的な認識を描こうと努めた。それらの研究の意義と成果を紹介することを通じて、私自身が考える有機農業の実践原理をも描きたいと願ったのである。本書の「付録　有機農業研究の海外動向」は、それをそのまま再掲したものである。

今、読み返してみると、あまりにも短くしすぎたために若干わかりにくいところがあるのは否めない。しかし、短いがゆえに有機農業の技術の諸相を総合的に捉えるヒントになるのではないかとも思う。また「連載を終えて」の文章は、当時そのような意味でのまとめとして執筆したものである。

今回、本書にこれを収載することになったのは、何よりも、有機農業の実践農家であり指導者でもあったエアハルト・ヘニッヒ氏の著書が、このように多彩な有機農業研究の成果や研究者との交流の中で生れたであろうと編集者が読み取ったからである。読者が、そのような意味合いで通読され、その関連を感じとっていただければ幸いである。

二〇〇九年三月

中村　英司

(1)「農薬ではなく、作物の健康を」

J・A・ルッツェンベルガー著(『エコロージーと農業』一〇四号、ドイツ、一九九七年)

近代農業では、害虫が姿を現したらすぐに農薬をまいて殺すことを原則とする。防除歴を使っていつも予防的に行動せよと言う。だが、自然界を観察するとよくみかけることだが、天敵がいるのにアブラムシの大群があいかわらず繁殖したり、天敵を見かけないのに、害虫が急に消えていく。また菌類、細菌、ウイルスが短時間に広がったり、反対に次第におさまってしまう。

注意深い農家なら気がついていることだが、農薬を散布すればするほど、病虫害問題は深刻になる。六十年代まで、つまりまだ農薬の大量散布がなかった時期には、ダニや細菌・ウイルスによる病気などはあまり問題ではなかった。どうやら、害虫や病害の大発生が教えてくれるのは、種々の条件のほかに、作物の物質代謝がきちんとしていないこと、つまり作物の体質とも関係があるようだ。

F・シャブスー(農業生物学者、ボルドー農業研究所)は、長い間の研究・観察をもとに多くの論文と著書を発表してきた人である。作物体内の養分代謝が停滞している時に病害虫にやられることに気づき、この考えを中心に『作物の健康』一九八五年、パリ、(中村英司訳、八坂書房、二〇〇三年)という本を書き、「栄養好転説」を提唱した。しかし、この本の理解には、かなりの専門的知識が必要なせいもあって、有機農業の関係者にも長く無視されてきた。

彼の考えによると、害虫が好んでとりつく作物の体内には十分な量の水溶性の養分、つまりアミノ酸、糖類、可溶性の無機養分などがたまっている。昆虫にはタンパク質分解酵素がないので、植物体内の異質タンパク質を養分にすることができず、水溶性のアミノ酸などを必要とする。また炭水化物についても、デンプンではなく水溶性の糖類のほうが利用しやすい。他方、「健康な作物」では、その汁液の中で物質代謝が順調に進み、これらの成分は次々とタンパク質やデンプンに合成され、余分な水溶性養分が停滞することは少ない。こんな作物にとりついた害虫は生き残りにくく、繁殖も進まない。第一、害虫にとって健康な作物は「おいしくない」のである。

どうして体内に水溶性の養分がたまるのだろうか。第一には、養分がたえず過剰に与えられると、体をつくる材料となるこれらの養分を処理しきれなくなることだ。第二には、この養分の過剰そのものが植物の代謝機能を抑制するからである。またこの場合、例えば土に与えられた大量の無機養分が土の微生物活動とその団粒形成能を妨げ、微量元素の吸収を減らし、それが代謝機能を妨げる。第三には、除草剤、殺虫剤、殺菌剤などあらゆる農薬は体内の代謝機能を弱める働きをし、その結果、体内に水溶性養分がたまりやすくなる。農薬をやると反対に害虫や病気がふえることは、今や多くの実験によってはっきりしてきた。その原因のいくつかがここにある。

シャブスーが教えてくれることは何か。作物が害虫にやられるかどうかは、作物体内の物質代謝のバランスが保たれているかどうかにかかっている。言い換えると、作物体内の代謝が滞っている時、つまり作物の養分が不均衡な場合にだけ害虫や病気にやられる。この不均衡はまずは誤った施肥により、さらには化学的防除によって引き起こされる。健康な作物の上では害虫は「飢え死にする」と彼は言う。

養分バランスのとれた有機質肥科が適正な量（少なすぎてもいけない）だけ与えられ、腐植に富み、微生物活動のさかんな畑で作物を健康に育てることが、病害虫を減らす正しい方法の一つだということだ。これは有機農業技術の基本でもある。
（著者はブラジル在留の農芸化学者。『エコロジーと農業』は国際有機農業運動連盟（ＩＦＯＡＭ）の機関誌。）

(2)『農業生態系での生物多様性と害虫防除』

Ｍ・Ａ・アルティエリ著（フード・プロダクツ社、アメリカ、一八五頁・一九九四年）

生物多様性とは何だろう。「無数の多様な植物、動物、微生物が一つの生態系の中に共存し、生物界の均衡を保つようなみごとな交互作用を営んでいる」ということだと考えたい。この数年、世界的に生物の種の減少がひどくなり、それが自然生態系の中の生物社会のバランスを破り、生物間の安定した関係を損なっている事実が指摘されている。農業の現場である田畑は「農業生態系」であり、ここでも生物多様性の減少は重大な問題を引き起こしているのだが、農業の分野での、この基本問題への認識はまだきわめて薄い。

数千年にわたるゆっくりとした農耕の歴史の中で、農業生態系はそれなりの安定を保ってきたのだが、二十世紀の半ば、特に六十年代から農業生産技術は大きく様変わりした。まずは大面積の「単作」によって作物の種類を減らし、田畑から多様な昆虫や小動物を追放した。また除草剤と化学肥料の多投、大型農機具の開発によって、雑草という共生植物や土の中のミミズ・小動物・微生物を殺し、土の構造をこわして生物の住処をなくした。こんな行動の極め付きが殺虫剤である。害虫・天敵・ただの虫のほかに、鳥たちと小動物を皆殺しにし、種としての繁殖の機会を奪ってきた。

本来、生態系のみごとな自己調節能は、生物群集同士の柔軟な交互作用によって生み出され、それが生態系の安定を支え、伝統的農業や森林での害虫の発生をコントロールしてくれていたのである。ここ数十年、農業生態系の安定が揺るぎだしたことの中に病虫害多発の原点がある。

どんな作物もかっては野生植物であり、人間によって選び出され、栽培の歴史の中の選抜と交配を経て、近代農業での選び抜かれた作物となった。他方、近代化に立ちおくれた第三世界の農業では作物そのものが多様で、そこでの多様な生態系の中で地域自給型農業の一要素となっている。だが、それも近代化の波にのまれ、種の多様性が失われつつある(「遺伝子の流亡」)。しかも、この伝統的農業での生物多様性は、土の流亡をおさえ、地下水を涵養し、洪水を防ぎ、表面水を保全する。また眼には見えないが、養分の循環系を支え、地域気象を調節し、化学物質の解毒作用を果たす。そこでの農業系は人々に食糧、繊維、燃料、収益をもたらすと同時に、地域生態系保全という大きな役割をになっている。

農業生態系での作物多様性とは、そこに作物、昆虫、微生物、さらには作物以外の植物ができるだけ多様で豊かに存在するということである。重要なことだが、もうすっかり近代化されたような現代の農業系でも、その中に生態的多様性をできるだけ復元し、作物全体の収量を維持しながら、生態系の持つ自己調節機能を働かすような手段を選び出すことは可能である。多くの研究によると、農業生態系での生物多様性は、そこでの昆虫群集を安定にすることになり、それが害虫防除の改善に役立つことが分かっている。

この書物は、農業生態系での生物多様性の複雑な要因を、現在までの世界各地の実験をもとに詳しく分析しているが、農業栽培技術の面では次のような具体的な項目に注意を払う必要があると考え、書物の各章は主として、この項目を中心にまとめられている。間・混作、輪作、カバークロップ、有機物施用、緑肥、不耕起または土の構造をこわさない耕起法、生垣を含む周辺植生の造成などである。（著者はアメリカ在住の農業昆虫学者、農業での害虫防除について多くの論文がある。本文は著書の第一章の概略。）

(3)『自然にまなぶ』（その一）

村上真平著（プロシカ出版、バングラデシュ、一九九一年）

自然の中に私たちは生きている。農業も自然を利用していることは確かだ。だから、自然から学ぶことが農業の第一歩である。自然こそ私たちの理想像だから。生物生産、土の肥沃さの保持、病虫害の調節、生まれてくるエネルギーの利用などすべてについて、自然はもっとも確かで効率的なやり方を教えてくれる。実際、バングラデシュの熱帯雨林は、長い歴史の間、人間が手を加えることなしに、巨大なバイオマスを生み続け、そこに生きるすべての生物に食べ物を与えてきた。人間がやる農業といえば、人工の品物を投入してもなお生産力は弱く、いつも問題をかかえている。

森も農業も生産の仕組みは同じなのだ。土からの水と無機養分と、空からの太陽の力による光合成が炭水化物を生み出す。違いは森は自然であり、農業は人工的ということだ。農業では土の流亡、病虫害の発生、そして生産が不安定なのに、森にはそれがない。

だが自然は放任ではない。自然にはみずからによる制約がある。農業とて自然の中で営まれるから、自然による制約を受けるだろう。この制約こそ、農業にとっての目のつけどころなのだ。制約を無視するから、いろいろと問題が起こるのである。

森の生態系は完全で完結している。そこには無数の植物、動物、微生物が存在し、生きたものと死んだものとが、はっきりとした関係を持って、バランスよく結びあっている。生態系というのは、この両者の間の関係と交互作用の系なのだ。

生態系はまた食物連鎖の循環系とも言えよう。生きものは、生産者（葉緑素を持つ植物。光合成によって炭水化物をつくる）、消費者（草食性と肉食性の動物。例えば害虫と天敵で、この両者の間にはバランスがある。どちらが勝っても生き残れない）、分解者（小動物と微生物。有機物を分解して食べ物とし、その後に腐植の材料と、植物の養分となる無機成分を残す）に分けられる。森の生き物としてのこの三者は、森の中の光、水、空気、土の無機物と交互作用をしながら、食べ物をめぐって次々と循環を繰り返す。その様子を森の中で実感することが必要だ。

この生態系の連鎖はたえまのない流れだ。どこかで流れが停滞すると、流れ全体が傷つけられる。一切を含めた循環の流れの中でだけ生き物は存在し、子孫をふやしていける。また、このサイクルの中でだけ肥沃な土が保たれる。例えば、植物の生育が弱ると、草食動物が減り、それを食べる肉食動物も減る。それにつれて、動植物の遺体を食べる土の中の微生物の活動がおとろえ、土の中での有機物の分解が進まず、植物のための無機養分の不足が起こる。また、腐植の形成が減るので植物の根が弱り、微生物そのものの生活圏も失われる。

この食物連鎖の中で農業をみると、害虫という名の昆虫は肉食昆虫や鳥たち、小動物の食物として不可欠で、害虫がいなくなると、そこから食物連鎖の流れが崩れていく。作物生産だけの農業という視点を外して生態系を眺めることは、農業にとって決定的に重要だ。

熱帯雨林が育つバングラデシュの生態系は独特だ。年間を通して強い日射量、高温多湿、そして雨期には激しい雨がある。植物の生育は早く、バイオマスの量は多い。最大の特色は養分の八〇％

以上が生きた植物体の中にあり、二〇パーセント足らずが土に蓄えられることだ。土の中での分解が非常に速いせいだ。しかし、熱帯の森は、多彩な植物が重層的に茂り、地表には有機物がたまっていて、これが養分の流亡をおさえてくれる。

　農業は人工的なものだが、やはり自然の枠内に入っている。農業も自然の「おきて」を超えて生きることはできないのだ。自然の業を学び、そこに含まれる原理を知る農業は永続的であり、また周辺の自然を破壊することは少ない。自然に学ぶ必要がここにある。（著者は「日本国際ボランティアセンター（JVC）所属の農業技術専門家。原文は英語）

(4)　『自然にまなぶ』（その二）

村上真平著（プロシカ出版、バングラデシュ、一九九一年）

　バングラデシュの自然に学びながら、この祖先伝来の地で農業を営むための具体的な筋道を考えてみよう。

　良い土というのは、チッ素、リン酸、カリといった基本養分がたくさんあるということだけではない。団粒構造が発達していて、その構造の中にたくさんの生き物が住み込み活動していることが大切だ。この化学的、物理的、生物的な性質がお互いに働き合って、安定した状態がとれているのを最高の土と考える。こんな良い土をそのまま長く保っていける農業こそ、私たちの目標である。

　田畑に、そこから取り出した有機物の残りを返し、さらに減った分を補給することをいつも考えたい。土の中にある腐植は無機化によってたえず減り続ける。熱帯では少なくとも二トン／一〇a／年の有機物を補う必要がある。それには、作物の残りをマルチする、緑肥を栽培してすき込む、堆肥をつくって土に入れるなどいろいろな方法がある。「雑草」も堆肥とマルチの貴重な材料だ。

有機物によるマルチと緑肥栽培は、土の表面を柔らかく保ち、土の微生物や小動物の活動を助ける。熱帯の強い日射と雨期に降る激しい雨のことを考えると、年中、地表を植物でカバーすることの重要さが分かるだろう。このマルチの材料には、田畑の中や周辺部に生えるいろいろな雑草や落ち葉、レモングラス、ホテイアオイ、グラスマメ、緑肥用の植物も利用できる。そもそも、土の表面を裸にしておいてはいけない。森の中の地面はいつも有機物に覆われている。森の自然から学ぶ大きな教訓だ。

このマルチ栽培によって雑草の管理をすることも考えたい。プロシカ・モデル農場では、五㎝の厚さのマルチで雑草の九〇%を抑えている。また、マルチ栽培は、田畑の耕し方を考え直す機会を与えてくれる。土がいつも保護されることによって、牛や機械で強く耕す必要が減り、土壌生物の住処を保護することができる。

作物栽培がとぎれることがある期間が二か月近くある時は、空いている畑に緑肥の種子を播くのはすばらしいことだ。ケツルアズキ、セスバニア、クロタラリア、ミドリマメ、インディゴ、レンズマメ、ビロードマメなどマメ科を主にした緑肥は、バングラデシュ農業の伝統である。すきこめば地力を高め、刈りとって家畜のえさやマルチ材料とし、時には人間の食物ともなる。

さらにこの国には、輪作と混作という古くからの伝統技術がある。各種の穀物、多品種の野菜、またさまざまな緑肥作物の間には養分要求、根の深さ、草丈の高低、病虫害への抵抗性などに違いがあり、これを同時に混作したり、次々と輪作していくと、土の養分の利用効率を高め、土の構造を良くし、病虫害を減らすことが分かっている。

また、家族が力を合わせ、田畑の境界や家の周辺部にさまざまの樹木、多年生の低木や草本植物を取り合わせて植えることは重要だ。まずは雨期の激しい雨や強風から人間、家畜、農地を守り、土壌の流亡を防ぐ。乾期には人や家畜に涼しい日陰を提供する。またたえず有機物を生産し、それを農民は田畑に利用することができる。もちろん、食用の果実や家畜のえさも生み出すし、農民にとって何よりも重要な燃料をたえず生産してくれる。森の持つ多様性には及ばないが、農地生態系での生物の多様性を強め、田畑の病害虫の抑制のために大きな役割を果たすことも分かっている。いつか、この農地周辺に植えた植物たちの大きな働きに感謝する日がくる。

「自然にまなぶ」とは、具体的にはこんな事なのだ。自然に学ぶ思いを重ねることにより、農民は日毎に進歩向上する。それは農業にいそしむ者にとって、大きな喜びとなるだろう。

（著者については(3)参照。所属は当時。）

(5)「土の団粒構造と微生物」

R・C・フォスター著（『持続的農業での土壌生物相』一四四〜一五五ページ、英連邦科学・産業研究機構出版、オーストラリア、一九九四年）

土の中では、植物の根圏と、すきこまれた堆廐肥などの中でバクテリアやカビが大活躍している。だが、土の団粒構造内にも多数の微生物が住みつき、土の構造を支え、有機物をたくわえ、それによって空気・水・養分を作物の根に供給していることはあまり知られていない。土の構造と、それと微生物や有機物がどう関わっているかを調べると参考になる。面倒だが基本的なことからはじめよう。

まず粘土粒子、微砂、細砂、腐植が物理化学的に結合して「土壌粒子」ができる。この粒子が集まって直径が数十ミクロンの「ミクロ団粒」ができる。この内部には直径が四ミクロンほどのたくさんの孔隙(すき間)がある(ミクロンは千分の一㎜)。このミクロ団粒がたくさんあつまって、直径が二百ミクロン以上の「マクロ団粒」を形成する。この二種類の団粒ができるには、粘性物質による接着が欠かせない。接着剤は粘土粒子、金属酸化物、特に植物の根と微生物が出す多糖類などのコロイド物質である。

土の中のバクテリアの大きさは、〇・五~二ミクロン、カビの菌糸は一〇ミクロンまで、原生動物のアメーバーは一〇~四〇ミクロンだ。森の土一グラムが含むミクロ団粒の数は一〇万個ほどで、その中の微細孔隙は主としてバクテリアの住処である。そこには天敵のカビ類。原生動物・ダニなどが侵入できず、水分が保たれ、養分として腐植となった有機物があり、イオンを吸着している粘土がある。一方、ミクロ団粒の間とマクロ団粒内の孔隙には、増殖中のバクテリア、カビや放線菌、原生動物がたくさんみつかる。カビ類の菌糸とそれが出すコロイド物質は団粒構造を支えている。ミクロ団粒は耐水性があるが、有機物の少ない土のマクロ団粒には菌糸が少なく、雨水に当たるとバラバラになりやすい。

森の土の構造を見ると、団粒の表面と内部孔隙の壁は粘土粒子でコーティングされてなめらかだ。ところが土を耕すようになると、この粘土膜がはがれ、粘土粒子はミクロ団粒内の孔隙、つまりバクテリアの住処に流れ込み、その生活をおびやかすようになる。

次に有機物のことを考えてみよう。田畑に育つ植物が土の中に有機物を残し、それは土層全体にちらばっていくわけだが、団粒構造の中にも有機物が入り込む。だが団粒表面には少なく、団粒の内部孔隙に腐植化した有機物が多く見られる。しかし、耕し続けた畑土では、団粒内の腐植も少なく、バクテリアの数も減る。

土の微生物、とりわけ菌根菌と植物(作物、雑草)の根がふれあうと、たくさんのコロイド物質が団粒構造の中に現れてくる。だが、栽培が終わってから上を耕し、そのまま放置すると、団粒の内外にあったコロイド物質を含む有機物は分解されはじめ、団粒構造を覆っていた粘土被膜も失われていく。土を耕すと、団粒構造が大きく破壊されると同時に、分解されやすい有機物としてのコロイド物質が失われ、同時に土の団粒構造全体も次第にこわれていく。

フォスターは長年にわたって土の構造と微生物の関係を中心に研究してきた人だが、彼がこの論文で言わんとすることはほぼ次のようだ。

有機農業技術の柱の一つは、土の養分が安定して作物に供給され、作物がこの養分を確実に吸収するのを助けることだ。だが、土の養分レベルを維持するには、例えば堆肥など有機養分の無機化、チッ素固定、無機養分の固定など、すべてに土の微生物が関わっている。つまり、土の微生物が豊かに安定して働いていることが一切の鍵である。このとき、微生物の養分としての「有機物」の供給と並んで、微生物の住処である「団粒構造」の増強も忘れるわけにはいかない。団粒構造と微生物や有機物の関係にはまだ分からないことが多いが、団粒構造と微生物との深い関係を認識し、それを土壌管理の改善につなげてほしいと彼は願っている。

(著者はオーストラリアの土壌微生物学者。)

(6)「人はなぜ耕すか」

人間が土を耕しはじめてから一万年がたつ。ボトムプラウによる機械耕がはじまったのは十八世紀であり、「たびたび、十分に耕す」、つまり、深く細かく耕すことが一番良いという考えは今も多くの農家に定着している。だが、そもそも人はなぜ耕すのだろう。

まずは雑草を制圧し、堆肥や肥料を土にすきこむ。また土を砕いて平らにしないと、播種や定植ができない。雨の多い地方では畝立ても必要だ。このほか、作物の根をよく伸ばすために、土を深く耕すのは当然であると考えられる。

だがすでに数十年前、耕す場合の問題点に気付いていた農家や研究者も多かった。例えば、耕した直後は柔らかいが、やがて土が前よりも固くなること、雑草の種類と量はむしろ増えること、畑に入れた堆肥や有機物の「持ち」が悪くなることなどである。結果的には、機械力を駆使して、さらに精力的に耕すことになる。

たくさんの実験の緒果、次のようなことが分ってきた。

(一) 耕すことによって土の中に酸素が深く入り、また地温も高まるので、微生物活動がさかんになり、有機物の分解が速まり、チッ素などの養分が溶け出す。これが、耕すことで作物の作育が良くなる理由の一つである。だが、有機物の分解が速まると、有機物が支えていた団粒構造がこわれ、土の硬化が起こる。百年間の長期草地の土の耐水性団粒の比率は七〇〜八〇%だが、

F・E・アリソン著(『土壌有機物と作物生産』第二四章、エルセフィル科学出版、アムステルダム、一九七三年)

一年間のプラウ耕で三〇％に低下する。耕すことで土の物理性が「一挙に改善された」ように見えるが、それは一時的である。有機物を投入し、植物の根や微生物が出す多糖類の助けを借りて、ゆっくりと団粒構造の成立を待つのが有機農業での正しいやり方だろう。

（二）深い土層まで機械を入れ十分に反転すると、有機物と微生物の少ない心土を表土とかきまぜることになる。団粒構造は大きく破壊され、その中に粘土粒子が広がり、土は固くなる。深く耕すと、その時点での通気性、水の浸透性はよくなるが、長続きはしない。一方、大型農機具による踏みつけの影響は長く残る。

耕土がひどく浅く、その下が粘土層の場合などは、サブソイラーなどによる別な対応をする。

（三）有機物や堆肥をすき込んだりするのに、深く耕す必要はなく、表土を浅く反転することで目的を達することができる。実験によると、現行の機械で有機物を深くすき込もうとすると、ある土層だけにかたよることが多い。表土浅くに有機物をすき込み、それを材料として、土壌小動物、微生物、植物の根系が助け合い、やがてみごとな耕土をつくってくれることを期待するほうが自然で効果的だ。

（四）雑草をすき込み、その種子の発芽を抑えるために耕すのは、その時点では確かに効果がある。だがこの場合、深く耕すと中層土から地表に大量の雑草種子が持ち上げられ、やがて激しく発芽してくる。ある実験によると、表土を三cmほど毎年耕すだけで、数年すると雑草の発生は大きく減るという。よく見ていると、雑草が作物の生長を抑えるのは生長初期のある時期までで、それまで雑草を抑えればよい。ただ、宿根性の雑草には別の対応が必要だ。

（五）耕すタイミングはたいへん重要だ。一口でいえば、湿りすぎた土はいじらないことである。

深く強く耕したあと雨が降ると、次に畑に踏み込むのに何日もかかるのは誰でも経験することで、この点からも、土の耕し方の工夫が必要となる。

(六) 根菜類の栽培には三〇～四〇㎝の深い耕土が必要である。しかし、この時も土を反転しない耕し方を選ぶべきだろう。すでに土を反転せずに深く耕す技術ができている。

(著者の故F・E・アリソンは土壌学者、アメリカ農務省で土の有機物の問題を研究した。『土壌有機物と作物生産』はその集大成で、六百頁を超す大著。)

(7) 『有機農業では土をどう耕すか』

U・ハンプル著(『エコロジーと農業』出版、ドイツ、一九九五年)

有機農業技術の本質とは何だろう。それは、自然が持つ安定した生産力を農業の中に受け入れ、それを作物栽培と家畜飼育に向けてさらに高めていくことだろう。だが、有機農業はこの数十年の努力の中で多くの教訓を得た。それを一口で言えば、長大な進化の流れによって生まれた「自然の構造」に介入するには、さらにきめ細かい注意が必要だということだった。

最大の問題の一つは土を「耕す」場合に起こる。先住者である雑草を皆殺しにし、ミミズなどの小動物を追い払い、微生物の住処である団粒構造を破滅させる。土とその構造は数十億年の自然の歴史の中で、すべての生きものの共同作業として自らの住処をつくり、そこに空気、水、養分を配置し、そこに住むすべてのものの生活を保証してきた偉大な成果なのだが、有機農家ですら、作物のことだけを考え、ほとんど暴力的に土をひっくり返してきたのである。

有機的耕耘の目的は何か。まず、土の中への植物の根の貫入を助けることだ。根は土に空気と水の通路をつくり、根が有機物を放出する根圏では微生物が活動しはじめ、やがて団粒構造ができあがり、土の各層に固有の生物が住みつく。この柔らかい土の中に植物の新しい根がさらに深く伸びていくことになり、すべての生物の共同作業によって、新しいサイクルが広がっていく。

有機農家が土を耕す時、その土が、先住植物と土壌生物によって太古から「耕されてきた」事実を思い起こす必要がある。この思いの中で土の新しい耕し方の発想が生まれる。植物の根と地上部はたえず有機物を土に供給し、小動物がそれを細かく砕き分解する。根瘤菌などは大気中のチッ素を固定して年々大量のチッ素を畑に残す。また、ほとんどあらゆる植物の根と共生する菌根菌はたくさんのリン酸やカリを可吸態にし、すべての植物の根と微生物は粘質物を放出し、団粒構造を修復してくれる。

現実の問題に戻ろう。まず雑草を抑え、発芽種子や苗の根が地中に順調に伸びていくために、表土を数㎝から一〇㎝まで中耕機を用い、「低速で」耕す。これは同時に地表の有機物を浅くすき込むことになる。種々の型のカルチベーターとハローを組み合わせる。

土の撹拌、砕土、均平を同時にすることができるが、一〇㎝までをめどに耕す。

それ以下の土を耕す場合の基本的な考え方は、土壌構造を守るために、土を「反転しない」で、ただ「柔らかくする」ことである。反転するなと言うと、農家の大きな反発があったが、今や自分の畑の土、特に一五～二〇㎝の層が硬くなってきている事実に目覚めた人々は多い。反転しない発想は馬耕時代にすでにあったし、そのための機械もつくられた。だが、スキの刃が長く心土を固結させた。現代の研究では、改良された「チーゼルプラウ」を勧める。ウィングシェア、コンコルド型シェアなど各種の刃先のものがあり、多連としてトラクターで牽引する。普通のプラウから「はつ土板」をとり除いても使えるので、古い農機具を自分で改良する人もある。

この「表土耕」と「深土耕」の機具を同じシャンクに取り付けたのが「二段式プラウ」だ。表土を浅く耕し、その下の土は反転せずに耕すという二つの仕事を同時にやれるので普及が進んでいる。ドイツでは少なくとも六つの会社で製造されている。

有機農業での耕し方は今後さらに改良されるだろうが、この作業の影響は有機農業ではきわめて大きい。また、湿った畑には踏み入らず、中・小型の機械を注意深く使い、緑肥を含む輪作計画を立てて実行し、堆肥を投入する努力が求められる。有機農業でのすべての技術は「総合的」であり、結果はそこで決まるのである。

（著者は一九六〇年生れの土壌学者。）

(8)『人、われを雑草と呼ぶ』

S・ワルター著（「ドイカリオン」出版、ドイツ、一九九五年）

有機農家は、何よりも農地の生態系を壊さないように注意しながら、そこで健康な作物を育てようと努力する。ところが、こんな農家でも、自分の田畑に「雑草」がはびこるのには我慢ができない。何としても田畑を「きれい」にするために、しつこく強力なこの相手を徹底的に抑え込む努力を重ねているのが現実だろう。しかし、本当に雑草は農家の憎むべき敵にすぎないのだろうか。

有機農業とは何かを考えてみると、全く別の考え方を持つことができる。田畑に勝手に生えてくる「よそ者」を、田畑の働き者の「同伴植物」と考えるべきだ。彼らについて少し考えてみることにしよう。

雑草はその地の先住者として、太古の昔から地中に深く広く根を伸ばし、高等植物の常として、無数の根の先端からたえずムシゲル（多糖類のコロイド）と多種類の有機物を分泌してきた。これは根を保護し、土からくる養分を根に伝える媒体となり、根圏微生物をはぐくみ、その活動を支えてきた。つまり雑草は根で土を耕し、集まってくる土壌生物と一緒になって土の団粒構造をつくり上げてきた功労者なのだ。雑草こそ現在の土壌の「産みの親」である。

雑草の茎葉も根も死んで大量の有機物を土の中に残し、そこに住む生物たちに炭水化物を供給し、エネルギーの源となっている。よく知られているように、雑草の根の養分吸収力はおどろくほど強く、土の深い所からたくさんの養分を集めて表土に戻していると言えよう。その上、ほとんどの雑草の根には菌根菌がついていて、不溶性のリン酸などを可吸態にするし、カラスノエンドウなど、マメ科雑草の根につく根瘤菌は空中チッ素を固定する。そして果樹園や田畑全体についてみれば、雑草は畝間や株間の土を雨風や乾燥から守るマルチの働きをしていることも事実である。

農業生態系での植物の多様性は、その系の安定と強化にとって底知れぬ大きな貢献をしている。例えばセリ科の雑草が花咲くと、その豊かな花蜜と花粉は、天敵のヤドリバエやヒメバチの長寿と多産のための必須食品となる。またハコベやいくつかのマメ科のものなど、地表に広がる雑草は歩行性のオサムシや徘徊性のクモ類の住処となり、彼らはそこから出勤して害虫を食べてくれる。

よく見ることだが、害虫は作物と同じくらい雑草もよく食べる。例えばイラクサやギシギシにはアブラムシがよくつくが、そこにはすぐに天敵のテントウムシがやってくる。害虫と天敵、そして、いわゆる「ただの虫」も含めて、自然界での絶妙な均衡作用がはたらき、作物だけがひどく被害を受けるという「不自然さ」が減っていくのが生態系の姿なのだ。

もちろん、光、水分、養分について、作物と雑草とは競合している。そして、たいていの場合、勝利をおさめるのは雑草のほうだろうし、これこそが、農家が雑草を「目の敵」にする最大の理由だ。しかし、農業生態系の研究が進むにつれ、作物の生長のある時期まで雑草の力を抑えてやれば、その後の競合は収量や品質に大きな影響を生じないということも分ってきた。作物の生育期間のはじめの三分の一の間だけ雑草の生長をコントロールしてやれば、収量の減少は起こらないという実験もある。

雑草を敵として皆殺しにするのではなく、農業生態系を安定させる中で、土を豊かにして保護し、害虫を抑え、天敵をふやす「同伴植物」として受け止めるのが、有機農家の立場であろう。昔も今も雑草を自分の畑での「親しい友」、「頼りがいのある働き手」とみなしている農家はたくさんいるのである。

（著者はドイツの女性有機農学者）

(9)「雑草と昆虫たち」

M・A・アルティエリ著（『農業生態系での生物多様性と害虫管理』の第四章、フード・プロダクツ社、一九九四年）

ここ二〇年間の農地生態系の研究から、畑やそのまわりに育つ雑草が、そこでの昆虫（害虫、天敵、ただの虫）の行動に大きな影響を与えることが分ってきた。研究はまだまだ続くが、結論的にいうと、畑の雑草を注意深く管理することによって、そこでの虫害を経済的被害水準以下に抑えることができる。これに関連する事柄をとりまとめてみよう。

（一）たしかに雑草は、いくつかの害虫や病原菌の発生要因になることがある。ニンジン畑のまわりのイラクサはニンジンバエの発生を助けるし、リンゴ園の周辺のオオバコはリンゴアブラムシの代用食、つまり宿主となり、かれらはやがてリンゴに移動して加害する。

（二）一方、いろんな時期に花が咲く雑草の花蜜（糖類）と花粉（蛋白質）は、天敵の繁殖力と寿命にとって不可欠な食べ物だ。アブラナ科の野菜につくアブラムシやヨトウムシを捕食するテントウムシやクサカゲロウは、クローバーとキク科雑草の花を、モンシロチョウの幼虫に寄生するサムライコマユバチはイヌガラシなどの野生カラシナの花を、野菜につくマメコガネの寄生性天敵のヒメバチ、コマユバチはセリ科雑草の花を好んで訪れる。

（三）畑の昆虫の半ばを占めるという「ただの虫」には、雑草を食べているものも多い。ところが、この「ただの虫」は、本来のエサがない時の天敵の大切な食べ物となる。つまり、雑草は天敵のためのエサ場であり、その生き残りを助けていることになる。

（四）害虫の中には、雑草の出す匂いを嫌うものもいる。インゲンの害虫であるヒメヨコバイの場合、特にイネ科雑草（オヒシバ、アゼガヤツリなど）が残っている畑では加害が少ない。畑のまわりに一メートル幅のイネ科雑草のボーダーをつくっても効果があった。また、冬オオムギの畑にイネ科雑草がかなり残っていると、アブラムシの加害が大きく減るという研究報告もある。

反対に、雑草の出す匂いにひかれる害虫もいる。アブラナ科野菜の害虫であるキスジノミハムシは、雑草として混じっているセイヨウアブラナのほうによりひかれる。この雑草が含むアリル・イソチオシアネートの量がより多いからだ。これらは、二、三の例にすぎないが、さまざまな雑草が存在する畑では、拡散する化学物質も多様で、ひとつの作物だけが育つ畑とはひどく違う。

(五) 雑草のある畑では、植物でおおわれた地上を生活圏とするオサムシ、ハネカクシ、ゴミムシ、コモリグモなど捕食性天敵の働きが活発になる。また、植物の種類が多くなるので、害虫が作物を見つけるのに時間がかかり、その分、天敵は害虫を見つけやすくなると考えられる。

基本的にいうと、雑草によって畑が多様化するにつれ、そこでの食物連鎖はより複雑になり、作物しかない畑よりも害虫の被害は減っていく。このことを示す実験結果が世界各地で増えている。

(六) もちろん、畑は作物を栽培する場所だ。光、水、養分について作物と競合する雑草はどうしても抑える必要がある。畑の状況によって違うが、作物の定植や発芽のあと二~四週間ほど除草しておくと、競合は大きく減り、害虫の発生も抑えられる。

(七) 畑の周辺に花の咲く植物類が育つベルトをつくるとよい。オランダやドイツなどでは、果樹園の下草や畑のまわりにファセリヤやキカラシナを播種するのが見られる。同じような意味で、多様な輪作や混作も重要だ。

(八) 畑での作物・雑草・昆虫の間の生態的関係がより深く理解されるにつれ、「雑草防除」ではなく、「雑草管理」が健康な作物栽培にとって望ましいことが分かってきている。畑から雑草を取り除こうとする努力は決して最善のものではないと言えよう。

(著者のアルティエリについては(2)を参照)

(10)『雑草をどう管理するか』

U・ハンプル著(『エコロジーと農業』出版、ドイツ、一九九五年)

雑草に畑で働いてもらいながら、あまりはびこり過ぎないようにするには、有機農業では予防的な方法を中心にする。一番好ましいのは、それぞれの畑に、いろいろな種類の作物を使って輪作をすることだ。まず、春夏作と秋冬作の計画を立て、夏場には地面をむき出しにしないように、たとえ短い期間でも、イネ科とマメ科の混播を間作として入れれば理想的である。そうすれば、強い抵抗性をもった問題雑草を抑えることができる。当然のことだが、種々の混作も同じような効果がある。いずれも、土壌を作物でたえず被覆し、結果的に雑草を抑えることになるからだ。

次に、適切な土の耕し方を採り入れ、表土を浅く耕すが、中層土は反転しないでやわらかくするだけにすると、宿根性雑草の根や地下茎がばらまかれるのも減り、雑草種子の表土への拡散も減らせる。

また最近の研究によると、土壌生物のかなりのものは雑草種子をエネルギー源として利用しているという。これをみても、土壌を生物が定住できるような場所にすることの大切さが分かる。

しかし他方で、堆厩肥などをたくさん使い、土のチッ素含量を増やすと、それを好む雑草が急にふえ、同時に作物の体質が弱まって、雑草との競合にも負けやすくなる。

有機農業に切り換えると間もなく、強い雑草は減るが、同時に雑草の種類がふえることがあるのに気がつく人は多い。ある調査によると、種類が二、三倍にもふえることがあるが、それにより雑草同士の競合が強まり、作物には生きやすい状況が生まれる。

上にあげた方法をすべて実行したあと、なお気になる雑草を管理するには、作物がまだ若く、地面をおおうことができない生育初期に、雑草に負けないように守ることが基本方針である。

これには、軽量のカルチベーターを中心とした機械管理をする。ムギ類や葉菜類の栽培には、スプリング・ハローが主流だ。このハローには、硬いスパイク爪や、スプリング爪を付けることができ、また爪への圧力も調節できる。爪をひっかけて雑草を土から浮き上がらせ、倒して浅く土をかける。ムギ類の分けつも促す。

機械の使い方は次のようだ。

（一）栽培前に畑を砕土・整地するためのハローがけによって、雑草の発芽が促される。引き続いて作物を播種するが、その後、作物種子がまだ発芽せず、雑草のほうが発芽して下胚軸伸長期に入ったのを見計らって、二度目のハローをかける。雑草の細い根は上からたやすく抜き取られ、やがて枯れていく。

（二）作物がしっかり根付く三、四葉期以降、ムギなら草丈がひざ下までの期間にもう一度ハローをかける場合もある。ヤエムグラ、ヒルガオ、ハコベなどの、からみ付く雑草を抑えるのが目的である。作物を傷つけない作業が求められるが、畝の上だけを保護するカバーを付けることもできる。柔らかい金属ブラシを地上にふれないように水平回転させるブラシハローを使うことが多い。

（三）大面積の野菜の場合などに、プロパンガスによる「熱除草機」を使う農家もふえている。これは雑草を「焼く」のではなく、植物の生長点の細胞の蛋白質をこわし、その後の生長を止める。畝（うね）の上にある若い雑草だけを処理する。だが熱除草機を使うとクモ類など地上生活をする天敵の生活が乱される可能性もある。

作物の生長のある時期を過ぎると、それ以後に出てくる雑草は光の競合で作物に負け、したがって土の養分と水についての競合にも勝てない。しかし、そこに生き残っていろいろな貢献をしてくれるのである。本来、自然には多様な雑草が生えており、それを許容するのが自然である。上に書いたハローなどを使うかぎり、不完全な除草しかできないが、そもそも有機農家が「きれいな畑」にこだわる必要はないのである。

（著者については、(7)を参照。）

(11)「ナシの害虫と生垣」

F・フェーブル・ダルスィエ／R・リウー共著（『有機園芸技術研究会報告集』、アヴィニヨン、一九九〇年一二月号、一九〇～一九八頁）

近年、フランス南部でのナシ栽培ではナシキジラミの被害が大きく、農薬による防除の効果が望めないまでになっている。果樹園とその周辺を含む生態系での生物バランスを復元しながら、総合的な害虫管理を考える必要が痛感されている。

今までも、緑肥や雑草を果樹園の下草として利用し、表土の生物相の多様化を図ってきたが、さらに生垣をふくむ周辺生態系にいろいろの生物が定住して、害虫と天敵の適切な関係が生まれるようにと現場実験を始めた。本来、生垣は果樹園と外界との境となり、また冬季の強風をふせぐためだった。近年になって、大面積の単作である果樹園の持つリスクを減らし、生態系の多様性をふやすために、数ヘクタール単位で園地を区切って生垣がつくられるようになっているが、総合防除のための生垣の研究はまだ不十分である。

調べてみて分かったことだが、風が通りにくい密植の生垣では、その内側に空気の下降逆流ができ、風にのって半受動的に移動するナシキジラミ成虫の密度は生垣の内側で高くなり、その後の被害の広がりを強める。中高木による半通風の生垣では害虫の分布が均一となる。生垣の骨組みをつくる基本となる樹木では、樹形が三角なヤマナラシ、ギンドロ、トネリコなどがよく、これに低木の常緑や半落葉の樹木を加える。

ナシキジラミの天敵の生活を保護する樹種としては、セイヨウキズタ、イワナシなどの常緑で、ナシの収穫後の九～十月に開花し、天敵をひきつける花蜜と花粉が豊富で、またエサとなる食植性ダニや花に付くアブラムシがおり、重要天敵のショクガバエ、テントウムシ、寄生バチ、捕食性ダニなどを集めるものがよい。また一月から開花するガマズミの仲間は、冬休眠の浅い天敵をひきつけ、早春に開花するハシバミ、ハンノキなどの尾状花は花粉が多く、やはり天敵が集まる。また、常緑樹のゲッケイジュは、もっぱらナシキジラミをたべる捕食性カメムシなどに秋口の産卵と越冬の場所を提供する。次春にはそこから幼虫が出てくる。

春先、気温が一〇度から一三度になると、天敵のメクラカメムシ、ハナアブ、クサカゲロウ、寄生性ハチ類の成虫が活動しはじめるが、早春に開花する樹種は越冬後の天敵の栄養補給と産卵力をたかめる大切な食べ物である花蜜と花粉を提供し、その後に害虫の軍団がやってくるので好都合だ。こんな樹種にはスロースモモなどのバラ科やヤナギ科のものがある。

ナシキジラミの食性範囲は狭いが、クロウメモドキ、エニシダ、ハンノキ、ハナズオウなどは、ナシキジラミ以外の各種のキジラミを引き寄せる。四月から五月にその産卵が起こるが、この頃から天敵がそこにやってくる。その他、ニワトコ、ハシバミなどの広葉樹はいろんな害虫を住まわせ、同時に捕食性ダニもやってくる。生垣に組み込まれたこれらの樹木はアブラムシとナシキジラミの天敵が集まる場所となっている。

ナシキジラミは成虫で越冬し、夏には第三世代があらわれて加害し、九月下旬には成虫として越冬体制にはいることが分かっているが、実験ナシ園の生垣でトラップによる八月から翌年の四月までの調査では、冬季をとおして捕食性天敵がすみついていた。そのうち、もっとも数が多いのがいくつかのテントウムシ、次がヒメハナカメムシ、さらに数は少ないがクサカゲロウも越冬していた。

生垣の外に広がる畑、放牧地、林、さらには水路、沼地などは一体となってそこでの生態系をつくり出し、農村集落を含む田園景観もできあがる。その地域の気象、水系などにも関わる生態系のいろいろな要素は、みな交互作用をしながら、果樹園の害虫問題に大きな影響を与えることが分かってきている。一つの地域の全生態系の農業的研究を発展させるべきだろう。

（著者らは「フランス農業動物研究所」の所員。）

⑿「生態的生垣を作ろう」

M・L・クロイター著（『有機園芸』、BLV出版、一九九六年より）

数十ヘクタールのムギ作農場や果樹園に生垣が必要なように、一ヘクタール単位の有機園芸の畑にも生垣は欠かせない。畑が一つの生態圏となり、多様な生物がそこに住みつき、生物同士のバランスがとれた状態がつづくことこそ、有機農業の基本条件である。

生垣の中に、年中または季節ごとに、さまざまな鳥たち、昆虫、小動物が住みつき、産卵し、子供を育て、越冬する住処ができることを期待する。そのためには夏の暑さ、冬の寒さから保護してくれる場所としての生垣を整え、年間を通して花が咲き、花蜜と花粉、おいしい果実を提供する植物をできるだけ増やす必要がある。

生垣には、放任型と剪定型がある。樹木が伸びすぎると畑が日陰になる時間が長くなり、突き出した枝が働く人の邪魔をするので、剪定が必要になる。伸びすぎない樹木と潅木の混植を中心とする。樹種を選ぶ時、次のような点に注意すると「生態的生垣」として生きてくる。数年かけて良い生垣ができると、大きな満足感がある。

（一）土着の木本を主にした生垣。例えば、春先にはハシバミ、バッコヤナギ、サンシュユなどがミツバチや活動の早い天敵に食べ物を提供する。春がすぎると、サンザシ、スロースモモ、野生バラ、ニワトコ、ガマズミ、ヨウシュカンボク、マユミ、ミズキなどは鳥たちやテントウムシなどの昆虫に花蜜、花粉という重要な栄養物を与える。しっかりとした常緑樹としてはネズミモチ、メギ、ハクサンボクなどがよい。秋には、さまざまな小果実が鳥たちをさそう。

（二）美しい花が咲く生垣。優美な樹姿をそこねないように、やや隙間のある生垣にする。その土地の農家が庭に植えてきたライラック、野生バラ、ソケイ、ヤマブキ、レンギョウ、シモツケ、ウツギの仲間、ニワトコ、メギ、クロスグリ、ヘーゼルナッツ、セッコウボクなどが材料の一部となる。

（三）鳥にとって魅力的な実のなる生垣。潅木と樹木の混植とする。アカニワトコ、ナナカマド、マルメロ、キンロバイの仲間、ハナカイドウ、マルベリー、セイヨウカリン、大きめの畑ではサンザシ、スロースモモ、トキワサンザシなどがある。

（四）ごく小面積の畑の小さい生垣。あまり早く広がらない潅木を主とする。ウイローサ・バラ、ハマナス、フサスグリ、アカスグリ、シジミバナ、メギ、ヒメウツギ、またキンロバイも重要だ。どれも四季とりどりに花を咲かせ、ベリーをつけ、あなたの有機農園に美しい雰囲気をかもしだす。

以上は生態的生垣のごく概略にすぎないが、有機園芸畑を「生きものの生活圏」とするための重要な足がかりとしたい。思いはさらに広がり、この生垣の足下には弱光にたえる宿根草を植えたくなるだろう。例えばプルモナリア、ヘパティカ、ヤブイチゲ、アスペルラ、スミレなどがあるし、スイセン、アネモネ、クロッカスなどの球根を植えると、やがて自生化していく。

生垣の下につもる落葉もそのままにしておき、枯れた枝や朽ち木、さらに大小の石を集めて低い石積みをあちこちに作れば、そこはトガリネズミ、トカゲ、クモ類、テントウムシ、オサムシなど小動物や昆虫が越冬する場所となる。こんな有機農場は一つの立派な「ビオトープ」であり、そこの住民は相互にかかわりあいながら、生物的バランスを作り出し、害虫と天敵の関係も調和的になっていくことを世界中のたくさんの研究が教えてくれる。

樹木の大きさに合わせ、一、二メートル間隔に一列または二列に植え込むが、同じ種類を数株続けて植える場合と、違う樹木を組み合わせていく場合がある。生垣の通風は必要だが、生垣にある程度の厚さと密度がないと天敵の越冬場所とはならない。活着した後は、鳥たちが営巣する三月から六月にかけてと、樹木が開花・結実する時期をはずして、生垣の形を整える剪定をしたらよい。

（著者はドイツの女性有機農学者。多くの著書がある。）

連載を終えて

共通の課題を追う

ある町で地元の有機農業研究会の設立総会があった。その終わりごろ、年配の学者が立ち上がって発言された。「百人の有機農家があれば、百種類の有機農業がある。各農家は独自の有機農業を実践されたい。また、この研究会がアカデミックな議論の場にならないようにして欲しい」という主旨だった。出席していた農家は大いに意を強くされたことと思う。私もなるほどと感心したのだが、その後、ふと我に返って考えた。たしかに農家の田畑は一枚一枚違うけれど、その「違い」を強調することよりもお互いに共通する問題を話し合い、解決しあうことこそが、これからの日本の有機農家の仕事ではないか。これが日本有機農業研究会の会誌『土と健康』に短い記事を一年間連載するきっかけとなった。

自分のことを語るには注意が必要だが、手短かに触れてみたい。シベリア抑留後、傷病兵としての五年間の療養生活を経て、滋賀県農業試験場園芸分場の技師として働き始めたのが、一九五七年(昭和三二年)のことだった。折りしも日本農業は近代化に向けて走り始めていた。新しい農薬と化学肥料、各種のトラクターと農用ビニールの登場があり、三〇代半ばの私は活気に満ちた農村での「指導」に明け暮れた。農薬によると思われるハウス農家の健康障害、水田のタニシ、ドジョウ、フナ、水生昆虫の消失、農機具での耕耘でミミズや小昆虫が吹き飛ばされる光景などを体験しながらも、牛耕や水田の草取りという重労働からの解放を農家と一緒に深く喜んだ。

1　有機農業との出会い

一九六四年、京都の本屋で手に取った『生と死の妙薬』(レイチェル・カーソン、後に『沈黙の春』と改題)という不思議な題名の書物を読んで驚いた。その五年後の一九六九年、ドイツ南部の大学に思いがけず招かれたが、そこで、(これも不思議な縁で知り合った)その地の農家がやっている「有機的」農業に大きな関心を持つようになった。当時、欧州では農業を含めて環境を守る意識が年毎に高まっており、カーソンの書物がそれにさらに火を付けていた。とくに印象的だったのは、有機農業を志す農家同士が、研究者たちも交えた席上で、お互いに率直に意見を述べて討議する姿だった。リーダーシップをとっているのがいつも農家だったのには驚かされた。

しかし、帰国後の職場である農業短期大学では、有機的な農業技術を追求する場所がなかったので、小面積での試行錯誤的な有機栽培を続けながら、外国の文献を読んで勉強した。話す相手もなく、孤独な技術探求が続いた。高度成長の時期を経て、すでに日本農業は国策の主役の座を降り、定期的に尋ねていた農村からかつての活気は消え失せていた。

2　環境と健康と

さらに定年退職後、農業教育のために二年間を過ごしたアフリカのケニヤでは、農薬・化学肥料を多投する政策が続いたため、農地の砂漠化がじわじわと進行していた。それに続いて一年間研究滞在した欧州では、環境破壊と人間の健康悪化に対して、市民と農民の連帯によるさまざまな活動が繰り広げられていた。各国の農業政策と関連法律を変えさせ、ＥＣ(欧州共同体)全体としても、環境と生命の健全な存続を願った生態的農業に向けての前進を続けていた。

3　今後の発展に向けて

過去を長く語りすぎたが、こんな背景を踏まえて連載した「有機農業研究リポート」は、農業技術に絞った世界各地の研究出版物からのミニ抄録であった。日本での研究が出てこないと見て、編集者が「海外」という文字を補った経緯がある。あまりにも文章を切り詰めすぎたため、わかりにくかったという声があると聞いたので、書き足りなかったことを取りまとめてここに記したいと思う。

1　この十年間、「農業生態系」と題する書物の出版は、欧米でかなりの数にのぼる。いずれも、大型機械と化学物質を多用する現在の農業技術が地球生命系を大きく破壊しているという認識に立ち、田畑、放牧地を含む環境に、その固有の生態系を再発見し、それを保全することを志向している。その点で、これらの書物はすべて有機的な農業をめざすものと言えよう。世界の農地の気候、水質、土質などは地域によりひどく異なっているが、同時にすべての農地に共通する生態的な事実と法則もある。熱帯多雨林をバックにした村上真平が『自然にまなぶ』で述べている原理から、日本の農家も学ぶことが多いはずである。有機農家は、毎日、自分の田畑の農業生態系に潜む原理を学んでいるのだと自覚すれば、有機農家同士が真剣に語し合う場で、必ず共通の問題点が浮かび上がってくるだろう。そして、そこから自分のいままでのやり方についての再検討も生まれてくるに違いない。

2　たとえば、田畑の土壌を毎年耕すのはそもそも何のためかを考えるのが有機農家の思考法であろう。有機農家でも、折りあるごとに耕耘機で耕し、時にはユンボによる深耕を我が家の土壌改良法としている場合もある。しかし、一戸当たり耕地面積二六haのドイツで、農機具を使い続けている畑の深さ三〇cmのところに排水不良で作物の根が通れない固い土層ができ、収量も低下していることが最近になって報告されている。

3　だが一方で、種子を播き、苗を植えるためには、地表を砕土・均平し、雑草を抑え、とくに作土層の固い畑では、下層土を柔らかくする仕事が必要だろう。この目標を達成し、しかも団粒構造を破壊せず、微生物やミミズの住処も壊さない耕耘機が開発され始めた。これは二段式の犂(すき)で、表土の数cmだけを浅耕するプラウやロータリーと、数十cmまでの下層土を無反転でやわらかくするチーゼル型サブソイラーを組み合わせたもので、しだいに普及してきている。

4　農地生態系が含む重要な要素の一つに雑草がある。連載記事では、雑草の貴重な役割について、最近の欧米の農学者の共通認識を繰り返し書いておいた。すべての土壌は、母岩の上に生きてきた微生物、小動物、そして雑草と呼ばれる高等植物の働きにより、数億年の時間を経てできあがったものである。今も雑草たちは、生きた根から絶えず多糖類、ビタミンやホルモン類を放出して土壌微生物を活性化し、根系によって土壌構造を改良し、死んだ後、土壌に多量の有機物を残すことで、土中の生物に栄養を与え続けている。雑草を目の敵にするのは問題であるし、日本でも雑草を味方と考えた農業をする人が増えている。

しかし同時に、雑草は作物の強力な競争相手でもあり、それが水田雑草をめぐって有機農家が実験を重ねている理由である。近いうちに苗づくりから始まり、田畑輪換を含む「総合的な水田雑草管理技術」ができあがることであろう。そして、ここでも田面での浮き草や藻類を含む雑草の役割を積極的に評価する視点が生まれるだろう。それは水田の地力保持や、病虫害発生と雑草が大きな関係を持っているからだ。

5 農家にとっても、有機農業でつくる作物は、何よりも「健康」であるべきだが、この「作物の健康」について語られることは少ない。その意味で、連載一回目の「農薬ではなく、作物の健康を」は重要であった。これは、作物に有り余る養分を与えると不健康になり、病気や害虫にやられやすくなるのはなぜかという研究の一部だった。また、人間の健康と栄養の摂りすぎとの関係にも通じるだろう。もちろん、有機農家はこのことに気が付いており、堆肥など有機質肥料だけを使っている。しかし、有機質肥料の使用量については、ひたすら農家の経験による判断に任せられている。また成育期間の長い作物では、「追肥」の必要があるが、ボカシ肥などの与え方は今ひとつはっきりしない。このことが有機作物の収量や病虫害の問題と深く関わっているのだが、研究は進んでいないと言える。

6 やはり、有機農業でも作物と土壌の診断が必要ではなかろうか。これには作物の茎葉と根系の診断、そして土壌の化学分析がある。最小限、必要な分析はpH(土壌の水素イオン濃度)とEC(電気伝導度)だろう。農家の小集団が自分たちで採土し測定できる手頃な器具もある。有機農家の土のECは、今までの慣行栽培のそれとひどく違うかもしれない。また、それと収量、作物の硝酸態チッ素含量、病虫害との関係は、有機農家にとって重要な検討事項となるだろう。

7 どんな生態系でも、そこでの「生態の多様性」が、その生物界の安定と永続性に欠かせないことは、ここ数年、広く認められている。もちろん、農業生態系もその例外ではない。しかし、こんな話は日本の有機農業の世界ではあまり話題にのぼらない。そんなむずかしい問題は自分たちには関係がないという声も耳にする。しかし、このことが田畑の地力の維持と、病虫害の発生という一大事と深い関係にあることは、日本でも輪作体系を実践する篤農家や昆虫学の研究者たちによって認められている。欧米では、以前から輪作、間作、場所によっては混作が、そこでの生物多様性の保持に大きな役割を果たしていることが認識され、日常的に実行されている。それは、古くから伝わる作付様式や農村景観の尊重の関係でも再認識されている。雑草の存在もこの生物多様性から考え直されてきている。

8　日本でもついこの間まで、表作の稲と裏作の麦や野菜類による田畑輪換が農業の普通の形として、土壌有機物や地力、雑草、病虫害問題などすべてに深い関わりを持っていた。だが、今や有機農家でも、稲刈りが終わる初秋から次年の春まで、立派に整備された水田が放置されている。また、畑やハウス内でも七、八月はむき出しの地面がよく見られる。その状態では、高温と直射日光の下で、有機物と粘土の分解、団粒構造の破壊が進むことが分かっている。

9　多様な生物を持つ自分の農地を一つの農業生態系として守り育てることは、今のような環境破壊の時代には特に重要である。具体的には、田畑に流れる水系の点検と、田畑の周りにある生垣の整備が必要である。欧米でも、新しい構想で、「生態的生垣」を造成する動きが盛んだ。その場合、各農家の生垣をつなぎ合わせ、鳥や昆虫が移動できるようにすることを決めている地域もあるし、野鳥が営巣する三月から六月は剪定をしないことが常識化している。

日本での有機農業の基準づくりの中で、田畑の周囲に一定の空間を残すなどは不可能だという意見もでているが、この空間を生態的生垣のためなどに使い、自分の田畑の農業生態系を守ろうと考えることが必要ではなかろうか。

10 欧州の現場での折々の見聞だが、有機農家が率先して仲間の農家と流通業者、行政担当者、消費者などと語し合いを続け、「生産者の側の公正な競争」と「消費者の側の正しい判断」のためには基準認証が欠かせないという共通認識が成立し、合意されていくのを目にしてきた。そこに、社会的な事柄が合理的で建設的な対話により解決するという伝統が生きているのを感じた。

「基準認証は、契約社会である欧米で生まれたものだ」との意見を耳にすることもある。しかし、経済の国際化に直面する現代日本で、産業界の人たちが苦闘する日々の中から見えてくるのは、今後の社会発展のために、真剣な討論の結果として生まれてくる合意と、その合意に沿った自主的な行動こそが不可欠であるという事実ではなかろうか。

4 世界の仲間たちと共に

筆者の若き日の師であった賀川豊彦は、日本の農民組合と市民生協の創立者だが、東奔西走の多忙な日々の中で絶えず外国の書物を読んでおられた。また、日本有機農業研究会の設立者たる一楽照雄氏が、亡くなられる半年前に友人の法要のため大津市を訪問された折り、くつろいで語り合う機会があったが、常に諸外国から学ぶことが必要であることを淡々と語っておられたのが印象的であった。

国際的な自由化の波が待ち受けている新世紀を前にわが田畑を世界に共通する貴重な学びの場としたい。世界の仲間たちと共通の思いを持つ日本の有機農家が、環境重視の新世紀で、日本農業の活性化に重要な役割を果たすことを期待する。

訳者あとがき

著者のエアハルト・ヘニッヒは一九〇六年、ドレスデン(現ドイツ・ザクセン州の首都、第二次世界大戦後、東ドイツ領)に生まれ、一九九八年、九二歳にて逝去。若くして農業に深い関心をもち、農科大学に学んで農学士の資格をとった後、国家認定農家および公認農業技術士として農業を営み、同時に主として大型経営を営む農家への技術指導者となり、さらには作物品種審査員ともなった。一九四六年、四〇歳で一〇〇haの農地を貸与され、野菜栽培を中心とした有畜経営を開始した。この農場でヘニッヒは適正に処理された自給肥料を用い、化学肥料や農薬など一切の外部からの資材によらない完全な内部循環経営の下で、優れた品質と高い収量の作物を収穫しつづけることができることを実証した。この書物を見ると分かることだが、これはルドルフ・シュタイナーが提唱した、いわゆるバイオダイナミック農法による有機農業経営だったと推定される。

この農場が法令の改正により農業生産組合となった後、ヘニッヒは農業指導士と農業教育機関の教師を兼務し、農家の教育と生産現場での指導に全力をあげたが、一九五〇年、ベルリンにあるフンボルト大学の腐植研究者だったグスタフ・ローデ博士に招かれ、その研究助手となった。そこでヘニッヒは「腐植と堆肥化」という新設の研究所の立ちあげに参加すると共に、政府と「都市廃棄物の堆肥化」のプロジェクトの研究契約を結んだ。ヘニッヒとローデ博士との師弟関係はその後、半世紀近くも続き、博士のもとでヘニッヒは多くのことを学んだ。

一九五七年、五二歳のヘニッヒは家族と共に西ドイツに移住し、一九六一年からはミュンヘンで農業関係の審査員および指導員となり、さらにウオルフガング・ハラーと協力して、有機農業の団体「土と健康」を設立し、一九六二年から一〇年間、その代表となって、この財団法人の運営に力を注いだ。これはドイツでのもっとも初期の有機農業の組織の一つである。ヘニッヒは有機農業を志す農家の組織化と技術の体系化のために大きな力を注いだ。その後、ヘニッヒは広範囲にわたる農業の分野で、たえず農業の現場と接触しながら、執筆者、講演者として精力的に働き、広く知られるようになった。

激動するドイツ農業の現場に生き続けたヘニッヒは、その九〇年余の人生の終わり近くになって一冊の書物を書いた。それが本書(原題は『豊かな土壌の秘密』、副題は「人間の生存基盤である自然の守護神としての腐植の働き」)である。これは一九九四年、著者が八八歳の時、「有機農業出版」(OLV)から出版され、その後、版を重ね、二〇〇九年には第六版を出すことが決定している。また出版の数年後には英訳され、これも版を重ねている。

政治的、社会的に激動する二〇世紀初頭のドイツに生まれ、農業の現場という一筋の道を歩みつづけた農民科学者、エアハルト・ヘニッヒの生涯にわたる多彩な経験と、深められた思索のすべては、この一冊の書物に凝縮されたのである。読者はこの書物の行間に流れる著者のさまざまな思い、声無き声を味読されるのではなかろうか。

この書物のなかで、ヘニッヒは、一貫して激しい情熱をもって、またしばしばユーモアを交えて、読者に語りかけ、問いかけており、その問いかけは常に地球の激変する未来へと私たちの思いをいざなうのである。ヘニッヒは農業を通じて私たちの配慮を地球環境のあらゆる面への考察へと導き、より広い次元での有機農業の役割に心を開くことを願っていたのではなかろうか。

この訳書の成立にあたって何人かの方がたの貴重な助言と力添えをいただいた。とりわけ東京大学名誉教授の熊澤喜久雄博士は、原稿の全部にわたって眼を通され、専門用語の使用その他に多くの惜しみない助言を賜った。ご厚情に深謝するものである。

さらに熊澤博士は、読者の理解を深めるために、深い含蓄のある長文の「日本語版に寄せて」を書いてくださった。それはこの書物の読者にとってのこの上ない手引きとなると確信している。訳者自身もそこから新たに多くを学んだ。読者と共に感謝申し上げたい。

編集、校正、印刷、その他、あらゆる出版に関する細部については、日本有機農業研究会の久保田裕子さんの絶え間ない細心なご配慮を心から有り難く思っている。また書物発行に関しては、農山漁村文化協会の助言と協力に負う所が多い。あわせてお礼を申し上げたい。

訳者は、この訳業のあいだ、そこに流れる著者の農業と地球の未来への励ましの言葉に大きな希望と喜びを感じ続けた。原著の出版は著者が八八歳の時であり、この日本語訳の出版が訳者の八八歳の年になるという偶然の一致もあった。激動の時代を生き抜いた著者への同世代人の深い追悼の思いをもって、この「あとがき」を終えることにしたい。

二〇〇九年三月

中村　英司

■主な参考文献■

『農業聖典』アルバート・ハワード著、保田茂監訳、魚住道郎解説、日本有機農業研究会発行、コモンズ発売、二〇〇三年
『ハワードの有機農業』(上・下)アルバート・ハワード著、横井利直・江川友治・蜷木翠・松崎敏英訳、日本有機農業研究会発行、農山漁村文化協会発売、二〇〇二年
『有機農法―自然循環とよみがえる生命』J・I・ロデイル著、一楽照雄訳、協同組合経営研究所発行、農山漁村文化協会発売、一九七四年
『健康の輪―病気知らずのフンザの食と農』G・T・レンチ著、山田勝巳訳、日本有機農業研究会発行、農山漁村文化協会発売、二〇〇五年
『作物の健康―農薬の害から植物をまもる』フランシス・シャブスー著、中村英司訳、八坂書房、二〇〇三年
『合理的農業の原理』全3巻　アルブレヒト・テーア著、相川哲夫訳、農山漁村文化協会、二〇〇八年
『化学の農業および生理学への応用』ユストゥス・フォン・リービヒ著、吉田武彦訳、北海道大学出版会、二〇〇七年

『有機農業の基本技術―安全な食生活のために』C・D・シルギューイ著、中村英司訳、八坂書房、一九九七年
『基礎講座　有機農業の技術』熊澤喜久雄・西尾道徳・生井兵治・杉山信男著、日本有機農業研究会発行、農山漁村文化協会発売、二〇〇七年
『新装版　有機農業の事典』天野慶之・高松修・多辺田政弘編、三省堂、二〇〇五年
『有機農業ハンドブック―土づくりから食べ方まで』日本有機農業研究会編、日本有機農業研究会発行、農山漁村文化協会発売、一九九九年
『解説　日本の有機農法―土作りから病害虫回避、有畜複合農業まで』涌井義郎・舘野廣幸著、筑波書房、二〇〇八年
『植物の神秘生活―緑の賢者たちの新しい博物誌』ピーター・トムプキンズ、クリストファー・バード著、新井昭広訳、工作舎、一九八七年
『新装版　土壌の神秘―ガイアを癒す人々』ピーター・トムプキンズ、クリストファー・バード著、新井昭広訳、春秋社、二〇〇五年

本書に関連あるもので、日本語で入手できるもののみを掲載した。なお、原著にある参考文献は、原文のまま、日本有機農業研究会ホームページ（http://www.joaa.net）に掲載した。

（日本有機農業研究会）

た

な

索　引

あ

か

さ

著者：エアハルト・ヘニッヒ（Erhard Hennig）
1906年ドレスデン（現ドイツ・ザクセン州都）生まれ。農科大学にて農学士取得後、農業を営む傍ら農業技術指導に当たる。1946年（40歳）から、野菜を中心とした有畜経営・自給肥料による有機農業を実証。1950年、フンボルト大学（ベルリン）の研究助手を経て、1957年、西ドイツに移住。1961年、有機農業団体「土と健康」をハラーらと設立、1962年から71年まで代表。有機農業者の組織化と技術の体系化に尽力し、執筆、講演活動に力を注いだ。1994年（88歳）、本書（原題『豊かな土壌の秘密―人間の生存基盤である自然の守護神としての腐植の働き』）を出版。1998年逝去。

日本語版に寄せて：熊澤喜久雄（くまざわ　きくお）
1928年生まれ。植物栄養学・肥料学専攻　農学博士。東京大学名誉教授、東京農業大学客員教授。日本土壌肥料学会会長、日本農学会会長、環境保全型農業全国推進会議会長、（財）日本土壌協会会長、（社）日本有機資源協会会長などを歴任。現在（財）肥料科学研究所理事長。主な著書に『植物の養分吸収』（東大出版会、1976）、『植物栄養学大要』（養賢堂、1979）、『豊かな大地を求めて』（養賢堂、1989）など。

発行所について：特定非営利活動法人　日本有機農業研究会
1971年設立。生産者、消費者、研究者らが集う有機農業をすすめる研究、実践、運動団体。毎年、「有機農業全国大会」「有機農業入門講座」「種苗交換会」などを開催、会誌『土と健康』（月刊）のほか有機農業関連資料・書籍などを発行。

Hennig, Erhard : Geheimnisse der fruchtbaren Böden : Die Humuswirtschaft als Bewahrerin unserer natürlichen Lebensgrundlage/ — 4. Aufl.— Xanten : OLV, Organischer Landbau-Verl.- Ges., 2002

訳者：**中村英司**（なかむら　えいし）
1921年富山県生まれ。京都大学農学部卒、元滋賀大学教育学部教授、栽培生理学、農学博士。著書に『園芸植物の開花調節』（共著、誠文堂新光社、1970年）、『そ菜園芸学』（共著、朝倉書店、1973年）、訳書に『植物開花生理』（朝倉書店、1959年）、『園芸植物の開花生理と栽培』（誠文堂新光社、1978年）、『栽培植物発祥地の研究』（八坂書房、1980年）、『有機農業の基本技術』（八坂書房、1997年）、『自然保護と有機農業』（農政調査委員会、2000年）、『作物の健康』（八坂書房、2003年）など。

生きている土壌
腐植と熟土の生成と働き

2009年6月1日　初版第1刷発行
2009年12月1日　初版第2刷発行
2022年1月15日　新装版第1刷発行

著者　エアハルト・ヘニッヒ
訳者　中 村 英 司

編集・発行　特定非営利活動法人 日本有機農業研究会
郵便番号 162-0812　東京都新宿区西五軒町 4-10 植木ビル 502
電話　03-6265-0148　FAX　03-6265-0149
https://www.1971joaa.org　Email：info@1971joaa.org

発売　一般社団法人　農山漁村文化協会
郵便番号 107-8668　東京都港区赤坂 7-6-1
電話　03-3585-1142　FAX　03-3585-3668
振替　00120-3-144478　https://www.ruralnet.or.jp/

ISBN 978-4-540-21320-5 C 2061

印刷・製本／凸版印刷株式会社
定価はカバーに表示

本書は2009年発行の『生きている土壌　腐植と熟土の生成と働き』を新装版として復刊したものです。